编辑推荐

本书中提供的手编坐垫美观、实用，但用到的针法却不复杂。学会了基本的起针、锁针、短针、长针后就可以选择喜欢的线动手尝试一下了。如果需要更多的变化，如加入立体花朵，尝试席纹花样、条纹花样、万花筒花样等更复杂一些的花样的话，可以在这些针法的基础上，掌握狗牙拉针、放针、收针、卷针和枣形针等较为常见的针法。新手在制作时可以选择单独制作一个一个的花朵，最后再将它们连接起来，即使某处编织错了也不用担心，很快就可以调整好。这些书里已经写得很详细了，遇到问题时一定不要忘了往后翻一下呀，可能答案就在你手上呢！愿你玩得开心。

U0173552

目　录

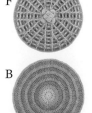
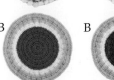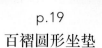

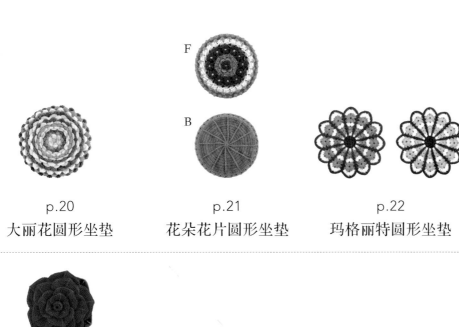

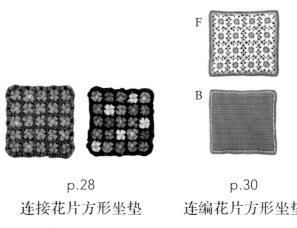

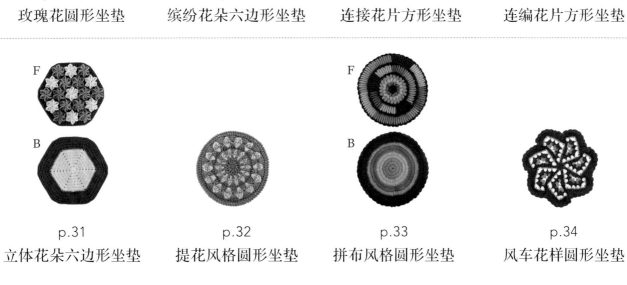

席纹花样方形坐垫

1

2

3

4

5

笔直地编织织带，
再纵横交替组合，就做成了这款席纹花样方形坐垫。
改变配色，风格也随之改变，十分有趣。

编织方法：p.36

线：和麻纳卡
设计：金子祥子

鳄鱼针方形坐垫

6

鳄鱼针是当下备受瞩目的一种编织花样，
看起来像鱼鳞，也像花瓣。
编织好后织片饱满厚实，坐在上面也非常舒适。
后文附有重点制作过程解说，请一定尝试一下。

编织方法：p.38

线：和麻纳卡
设计：Knitting.RayRay
制作：山崎香

条纹花样方形坐垫

这是用超级粗的毛线一针针编织而成的条纹花样方形坐垫。

玫瑰粉色和紫藤色的配色看起来十分可爱。

简洁的一片式坐垫,与各种装饰风格的房间搭配,都显得相得益彰。

7

编织方法:p.42

线:和麻纳卡

设计:Ronique

六边形坐垫

用棒针编织出三角形花片，再连接成六边形坐垫。
芥末黄色和焦褐色的沉稳配色让人印象深刻。

8

编织方法：p.44

线：和麻纳卡
设计：野村颂子

多米诺编织，就是像多米诺骨牌一样，将相同形状的织片排列在一起。
只要记住规则，一块一块编织就可以了。
这个坐垫的魅力在于拥有只有超级粗的毛线才能表现出的蓬松厚实感。

多米诺编织方形坐垫

编织方法：p.46

线：和麻纳卡

设计：今村曜子

11

三色堇圆形坐垫

这款三色堇圆形坐垫，
是将3种颜色的圆环花片像锁链一样编在一起，这个过程非常有趣。
时尚的颜色组合，给人成熟的印象。

编织方法：p.54

线：和麻纳卡
设计：和麻纳卡企划

万花筒圆形坐垫

12

立体环扣层层重叠，并呈放射状散开，
宛如万花筒一般绚烂美丽。
更令人惊讶的是，
编织这个坐垫只需要长针、锁针、短针、反短针 4 种基本技法。

编织方法：p.56

线：和麻纳卡
设计：桥本真由子

13

14

六角星针六边形坐垫

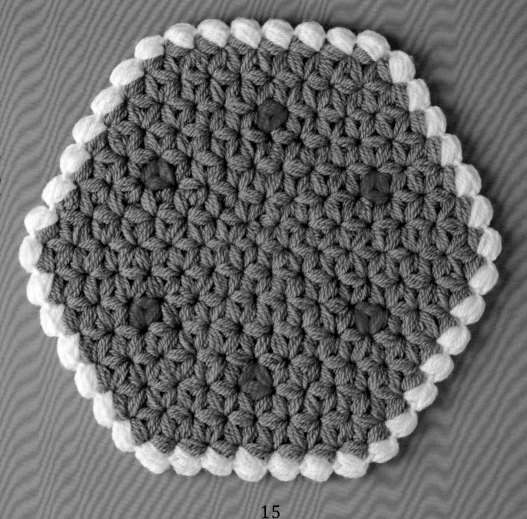

15

最近几年，六角星针极具人气，是很多人都喜欢的一种编织方法。
作品 13、14 的单色坐垫，使织片纹理更加明显。
熟练掌握这个针法之后，就可以像作品 15 一样进行配色，
尝试加入更多图案。

编织方法：p.49

线：和麻纳卡

设计：Lumi（铃木留美子）

卷针圆形坐垫

16

将线一圈一圈绕在钩针上再拉出的卷针，
编织出的纹理非常饱满，魅力十足。
像砂糖果子一样的淡色系组合，十分优雅。

编织方法：p.58

线：和麻纳卡

设计：桥本真由子

卷针六边形坐垫

17

这款卷针花片连接的六边形坐垫，
使用了多种浓郁的颜色，十分吸引人。
一个，一个，又一个……
想要一直编织下去的花片，拥有治愈人心的力量。

编织方法：p.61

线：和麻纳卡
设计：桥本真由子

虽然乍一看感觉有点复杂，
但其实这个坐垫只使用长针和锁针2种基本技法
就能编织好。
只要在配色和挑针方法上费点心思，
就能制作出呈放射状散开的几何花样。

18

几何花样圆形坐垫

编织方法：p.60

线：和麻纳卡
设计：江本直子

百褶圆形坐垫

19

20

先编织一片底座，再在上边钩出褶边即可完成。

从中心展开的百褶，

不仅看起来十分可爱，弹性也超好。

编织方法：p.64

线：和麻纳卡

设计：和麻纳卡企划

大丽花圆形坐垫

这款大丽花圆形坐垫，从中心开始，编织多层花瓣重叠起来。
橙色系的渐变色，给人留下鲜艳、明媚的印象。

21

编织方法：p.72

线：和麻纳卡

设计：冈本启子

花朵花片圆形坐垫

一圈圈排列的、蓬松的花朵花片，
配以色彩组合，像和果子一样可爱。
每次看到这款设计，都忍不住会心一笑。

22

编织方法：p.74

线：和麻纳卡

设计：Ami

玛格丽特圆形坐垫

这款可爱的玛格丽特圆形坐垫
是基础款设计，一直深受人们喜爱。
用深色线制作饰边，
让坐垫显得更加紧致利落。

23

24

编织方法：p.76
线：和麻纳卡
设计：michiyo

钻石图案圆形坐垫

25

这款从中心向外扩散的钻石图案圆形坐垫，
因为枣形针的蓬松感看起来十分温暖。
一圈圈卷起来的玫瑰，
布局在正中间和钻石图案的顶端，可爱又亮眼。

编织方法：p.78

线：和麻纳卡
设计：桥本真由子

玫瑰花圆形坐垫

26

大玫瑰花片十分华丽，
让人不由自主就会喜欢上它，堪称主角级的设计。
虽然编织时需要一点耐心，
但编织完成时的成就感会令人惊喜不已。

编织方法：p.67

线：和麻纳卡

设计：城户珠美

27

28

缤纷花朵六边形坐垫

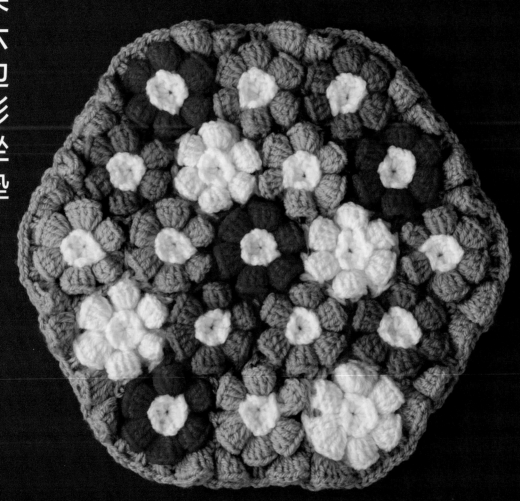

29

缤纷的花朵花片聚集在一起，
像花束一样美丽。
装饰在房间里，能让房间瞬间变得明亮起来。

编织方法：p.80

线：和麻纳卡

设计：谷内悦子

连接花片方形坐垫

30

31

编织很多小花花片，最后连接成方形坐垫。
作品30是以芥末黄色和草绿色表现花田的感觉。
作品31是用鲜艳的颜色搭配黑色的饰边，怀旧而不失妩媚。

编织方法：p.82

线：和麻纳卡

设计：谷内悦子

连编花片方形坐垫

32

先编织好所有黄色的花芯后，
再用连编花片的连接要领编织白色花瓣做成坐垫。
为了让花片看起来有立体效果，
底座使用了深色线编织。

编织方法：p.84

线：和麻纳卡
设计：河合真弓
制作：关谷幸子

立体花朵六边形坐垫

33

这款六边形坐垫的编织过程非常有意思，
从平面到立体的瞬间令人着迷。
立体花朵花片看起来就像在中间被拉紧了一样，
编织时需要花费一些功夫。

编织方法：p.86

线：和麻纳卡
设计：城户珠美

提花风格圆形坐垫

34

这款坐垫用钩针表现了北欧风的提花花样。
因为使用了超级粗的毛线，所以能很快就编织好，很让人开心。

编织方法：p.92

线：和麻纳卡
设计：Ami

这款拼布风格圆形坐垫，中心是 1 片爆米花针编织的花片，
再分别编织 2 片配色后的织带，
最后用边缘编织连接即可。

35

编织方法：p.88

线：和麻纳卡
设计：Ami

36

将 7 片五边形的花片对折后，
再连接在一起，就做成了像风车一样的圆形坐垫。
边缘处点缀了褶边，
增加了华丽感。

编织方法：p.90

线：和麻纳卡
设计：下山伴枝

✱ 编织图的看法

省略语

起＝起针
加＝加针
减＝减针
休＝休针

使用15号针，用芥末黄色线和深褐色线分别编织3片内层花片。（没有指定片数的均为1片）

内层花片
（芥末黄色、深褐色 各3片）
15号针

剩余的1针为休针。

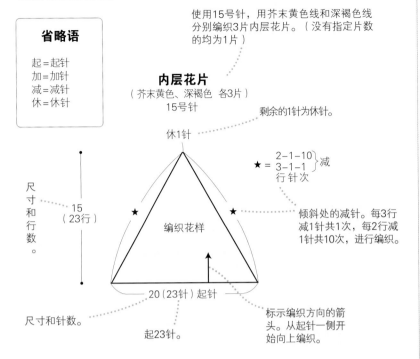

休1针

★ 2-1-10
3-1-1 } 减
行 针 次

倾斜处的减针。每3行减1针共1次，每2行减1针共10次，进行编织。

尺寸和行数。

15
（23行）

编织花样

20（23针）起针

尺寸和针数。

起23针。

标示编织方向的箭头。从起针一侧开始向上编织。

✱ 钩针编织的编织图的看法

用指定颜色的线编织各行。

一行的起点为立织的锁针，一行的终点为引拔针。

□ ＝灰色
□ ＝米色

内层织片的编织图

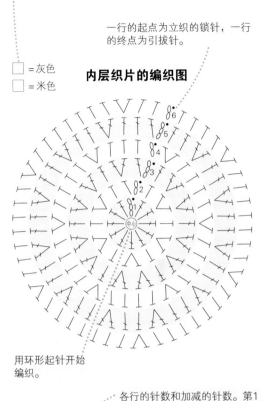

用环形起针开始编织。

6 …54针（加6针）
5 …48针（加12针）
4 …36针（加6针）
3 …30针（加12针）
2 …18针（加6针）
1 …12针
行

各行的针数和加减的针数。第1行为12针，第2行加6针为18针，第3行加12针为30针，第4行加6针为36针，第5行加12针为48针，第6行加6针为54针，每行按照指定的针数进行加针编织。（从下向上读）

✱ 棒针编织的编织图的看法

有符号的格子，按照符号编织。

没有符号的格子，是省略了下针符号。

□ ＝ 🔲 省略下针符号

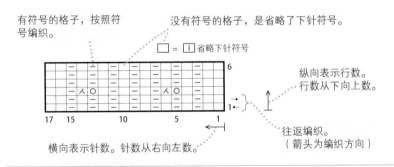

6

1

17 15   10   5   1

横向表示针数。针数从右向左数。

纵向表示行数。行数从下向上数。

往返编织。（箭头为编织方向）

✱ 一行的锁针的顶部

在挑针或收尾的指示中，出现"一行的顶部"这个词时，将表示如下图的部分。

锁针的顶部

根部

※锁针的顶部下方的部分，叫"根部"。

挑起一行的顶部的外侧1根线

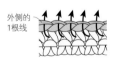

外侧的1根线

挑起一行的顶部的内侧1根线

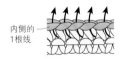

内侧的1根线

挑起一行的顶部的2根线

✱ 立织的锁针

在一行开始时，需要编织出与这一行针目高度相同的锁针，这些锁针就叫作"立织的锁针"。
除了短针以外，立织的锁针都算作一行的第1针。

需要的锁针的高度

短针的情况

1针

1针立织的锁针

中长针的情况

1针

2针立织的锁针

长针的情况

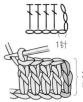

1针

3针立织的锁针

作品的编织方法

材料

和麻纳卡 BONNY

1 橘色（606）200g
  孔雀蓝色（608）200g
  奶油色（478）90g
2 深米色（418）200g
  樱桃粉色（604）200g
  柠檬绿色（495）90g
3 深灰色（481）200g
  紫红色（499）200g
  艳粉色（601）90g
4 白色（401）200g
  水蓝色（609）200g
  朱红色（429）90g
5 群青色（473）200g
  薰衣草色（612）200g
  亮橙色（415）90g

工具

和麻纳卡 双头钩针 7.5/0 号

完成尺寸

长约36cm，宽约36cm

编织方法

1. 锁针起针，做编织花样和边缘编织，编织指定片数的织带 A、B。
2. 将织带 A 的两端用卷针缝缝合，分别做成圆环。
3. 将织带 B 组合在织带 A 上，两端用卷针缝缝合。

配色

	1	2	3	4	5
A色	橘色	樱桃粉色	紫红色	水蓝色	群青色
B色	孔雀蓝色	深米色	深灰色	白色	薰衣草色
C色	奶油色	柠檬绿色	艳粉色	朱红色	亮橙色

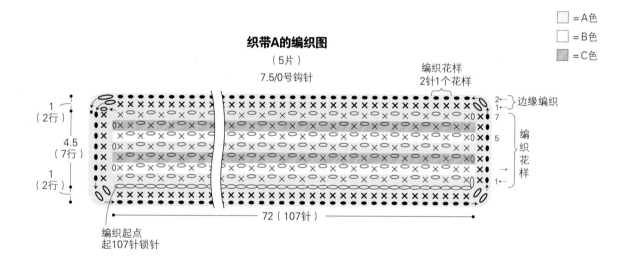

□ =A色
□ =B色
■ =C色

织带A的编织图
（5片）
7.5/0号钩针

编织花样
2针1个花样

1（2行）
4.5（7行）
1（2行）

边缘编织
编织花样

72（107针）

编织起点
起107针锁针

织带B的编织图
（5片）
7.5/0号钩针

※织带B除配色外，编织方法均与织带A相同。

编织花样
2针1个花样

1（2行）
4.5（7行）
1（2行）

边缘编织
编织花样

72（107针）

编织起点
起107针锁针

组合方法

①将织带A的两端用卷针缝缝合，分别做成圆环状。

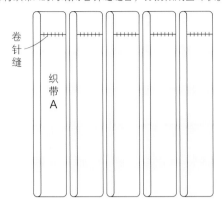

卷针缝
织带A

②纵向排列5片织带A（编织方向保持一致），按照箭头方向，纵横交错穿过织带B。

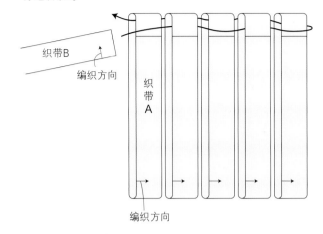

织带B
编织方向
织带A
编织方向

③将织带B的两端用卷针缝缝合，分别做成圆环。

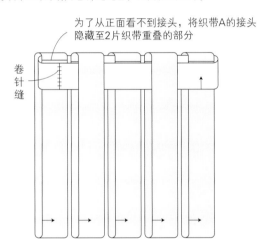

为了从正面看不到接头，将织带A的接头隐藏至2片织带重叠的部分

卷针缝

④与步骤②中的织带纵横交错穿过第2片织带B，织带B的两端用卷针缝缝合。

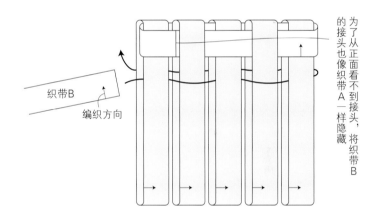

织带B
编织方向

为了从正面看不到接头，将织带B的接头也像织带A一样隐藏

⑤将剩余的织带B也用相同的方法纵横交错穿过织带A，两端用卷针缝缝合。

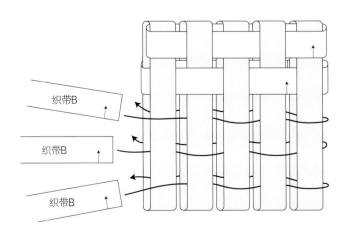

织带B

织带B

织带B

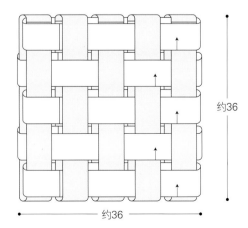

约36

约36

材料

和麻纳卡 BONNY
樱桃粉色（604）240g
粉橙色（605）190g

工具

和麻纳卡 双头钩针 8/0 号

完成尺寸

长 41cm，宽 41cm

编织方法

1. 环形起针，编织 4 片花片。
2. 将花片正面相对，用短针接合。
3. 环形起针，编织内层织片。
4. 将花片与内层织片反面相对，用引拔针接合。

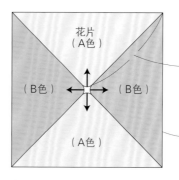

组合方法

①短针接合（32针，A色）。
将A色花片和B色花片正面相对，从编织终点一侧向起针一侧编织，共接合4处。

②引拔针接合（每边49针，接缝线的颜色与花片的颜色一致）。
将4片花片与内层织片反面相对，看着内层织片一侧，分别接缝4条边。

配色

A色	樱桃粉色
B色	粉橙色

内层织片的编织图

• = 引拔针接合的挑针位置

8/0号钩针

□ = A色　　■ = B色

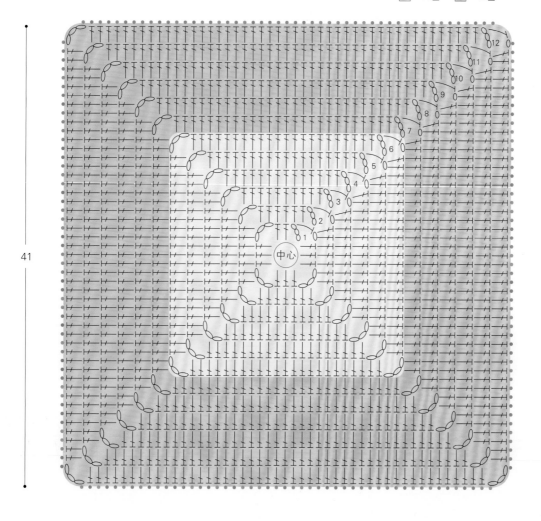

41

12…200针
11…184针
10…168针
9…152针
8…136针
7…120针
6…104针
5…88针
4…72针
3…56针
2…40针
1…24针
行

每行加16针

花片的编织图

（A色、B色 各2片）

8/0号钩针

※在p.40、41中用图片对制作过程进行了详细解说。

▷ =接线
▶ =断线

41（8个花样）

1个花样

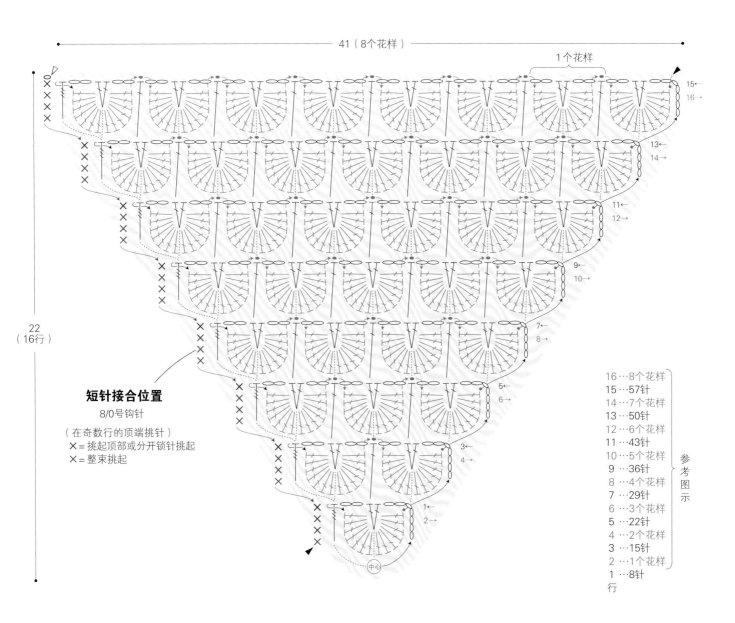

22
（16行）

短针接合位置

8/0号钩针

（在奇数行的顶端挑针）

×= 挑起顶部或分开锁针挑起
×= 整束挑起

15←
16→

13←
14→

11←
12→

9←
10→

7←
8→

5←
6→

3←
4→

1←
2→

（中心）

16…8个花样
15…57针
14…7个花样
13…50针
12…6个花样
11…43针
10…5个花样
9…36针
8…4个花样
7…29针
6…3个花样
5…22针
4…2个花样
3…15针
2…1个花样
1…8针
行

参考图示

引拔针接合（花片一侧）的挑针位置

8/0号钩针

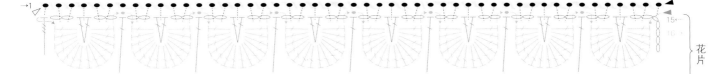

←1

15←
16→

花片

39

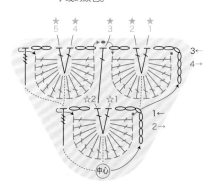

※为了更加清晰易懂，每一行都改变了线的颜色。

第1行

第2行

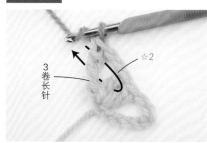

1　环形起针，编织第1行。中间的长针（☆1、☆2），分别作为编织第2行时的轴线。

2　看着第1行的正面，编织第2行。在上挂线，按照箭头方向，在3卷长针的后面，整束挑起☆2的长针的根部，编织7针长针。

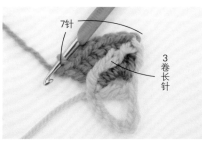

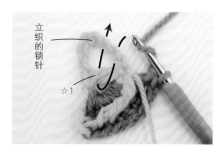

3　编织好了7针长针（实际编织时，将前一行的3卷长针向前面放倒，更容易编织）。

4　顺时针转动织片，这次在前一行立织的锁针后面，整束挑起☆1的长针的根部，编织7针长针。

5　编织好了7针长针（实际编织时，将前一行的立织的锁针向前面放倒，更容易编织）。

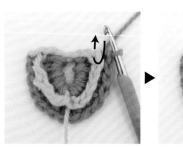

第3行

第4行

6　顺时针转动织片。第2行最后，在前一行的5针立织的锁针上入针，编织引拔针。

7　编织第3行时，也看着第1、2行织片的正面，按照编织图进行编织。

8　顺时针转动织片。按照与步骤2相同的方法，整束挑起★5的长针的根部，编织7针长针。

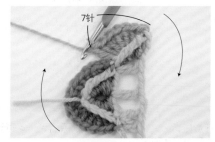

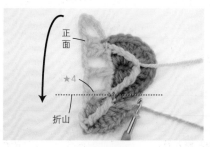

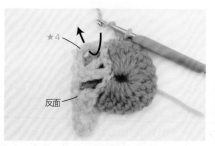

9　编织好了7针长针。顺时针转动织片。

10　将★4一针的位置作为折山，按照箭头方向，将织片向前面翻折。

11　看着织片的反面。整束挑起★4的长针的根部，编织7针长针。

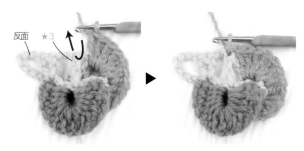
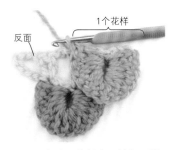

12 编织好了7针长针。

13 顺时针转动织片。看着前一行织片的反面，在★3的顶部入针，编织引拔针。

14 展开步骤10的折痕，恢复原样，将织片反面向上拿在手中。完成了1个花样。

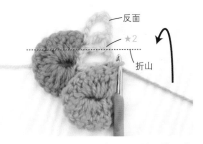

15 顺时针转动织片。将★2一针的位置作为折山，按照箭头方向，将织片向后面翻折。

16 看着织片的反面，整束挑起★2的长针的根部，编织7针长针。

17 编织好了7针长针。

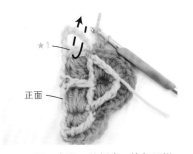

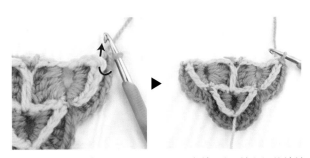

18 展开步骤15的折痕，恢复原样，将织片正面向上拿在手中。按照与步骤4相同的方法，整束挑起★1的长针的根部，编织7针长针。

19 编织好了7针长针。

20 顺时针转动织片。第4行最后，在前一行5针立织的锁针上入针，编织引拔针。

第5行

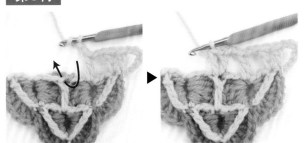

21 自第5行以后的奇数行中，与前一行的引拔针一样，在顶部入针时，按照箭头方向，在紧邻引拔针的左侧入针，编织2针长针。

第8行

织片的反面（作品的正面）　　织片的正面（作品的反面）

22 按照与第3、4行相同的要领重复编织，上图为按照编织图编织至第8行时的样子。织片的反面为作品的正面使用。

材料

和麻纳卡 JUMBONNY
玫瑰粉色（7）220g
紫藤色（17）220g

工具

和麻纳卡 竹制钩针　8mm

完成尺寸

长36cm，宽36cm

编织方法

1. 编织锁针环形起针，编织 1 条织带。
2. 自第 2 条之后的织带，均连接在前一条织带上编织，共编织 12 条。
3. 将主体对折，缝合 3 条边。

主体　8mm钩针

※按照1~12的顺序编织并连接织带。

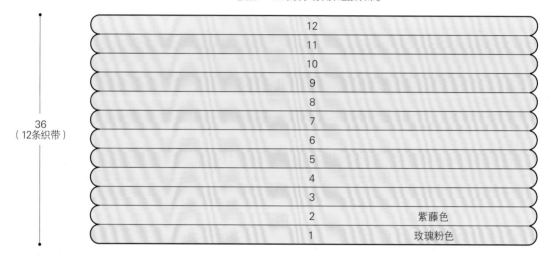

36
（12条织带）

12	
11	
10	
9	
8	
7	
6	
5	
4	
3	
2	紫藤色
1	玫瑰粉色

72（22个花样）

组合方法

将主体在折山处对折，缝合3条边

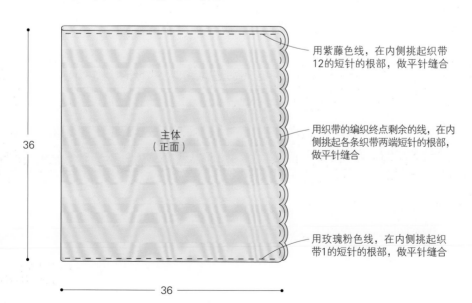

用紫藤色线，在内侧挑起织带
12的短针的根部，做平针缝合

用织带的编织终点剩余的线，在内
侧挑起各条织带两端短针的根部，
做平针缝合

用玫瑰粉色线，在内侧挑起织
带1的短针的根部，做平针缝合

主体
（正面）

36

36

※ ╳、╳ 均为整束挑起锁针编织。

● = 分开虚线顶端短针的根部编织引拔针

╳ = 编织短针时，与前一条织带反面相对向下方重叠，在箭头顶端的短针顶部，从反面入针，2片一起挑针编织

▶ = 编织终点（线头分别保留20cm）

□ = 玫瑰粉色
□ = 紫藤色

主体的编织图

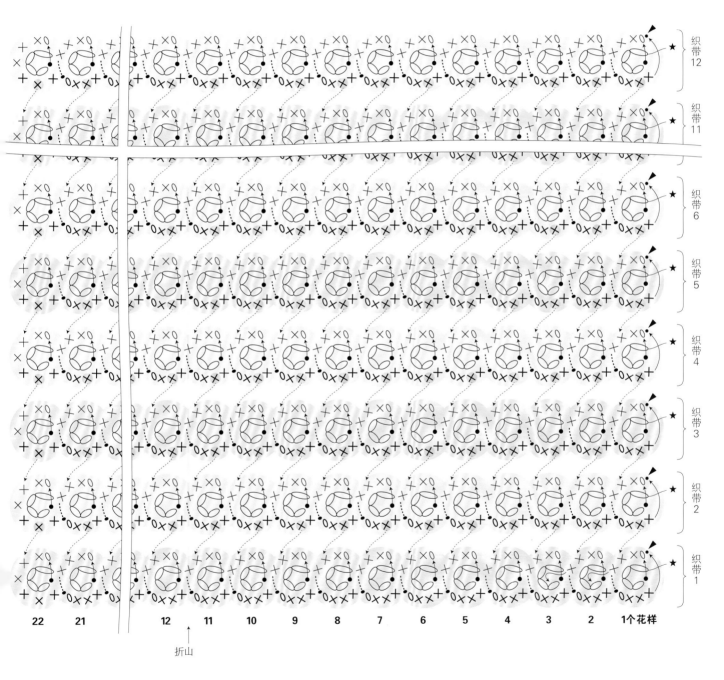

| 22 | 21 | | 12 | 11 | 10 | 9 | 8 | 7 | 6 | 5 | 4 | 3 | 2 | 1个花样 |

折山

★ = 编织起点
起4针锁针制作圆环

织带12 织带11 织带6 织带5 织带4 织带3 织带2 织带1

43

材料

和麻纳卡 JUMBONNY
焦褐色（21）200g
芥末黄色（24）150g

工具

和麻纳卡 棒针 圆头 2 支 15 号
和麻纳卡 竹制钩针 8mm

完成尺寸

长 46cm，宽 40cm

编织方法

1. 制作之后能拆开的起针，编织 1 片
   外层花片。
2. 自第 2 片以后，一边从前一片花片
   上挑针一边编织，共编织 6 片外层
   花片。
3. 将起针拆开后挑针，编织针与行的
   接缝。
4. 按照与步骤 1 ~ 3 相同的方法，编
   织内层花片。
5. 在外层织片、内层织片上分别做边
   缘编织 A。
6. 将外层织片与内层织片反面相对，
   做边缘编织 B。

外层花片

（6片）
15号针
※配色参考编织图。

★ = 2-1-10 }减针
    3-1-1 }行针次

休1针

15
（23行）

编织花样

20（23针）起针

内层花片

（芥末黄色、焦褐色 各3片）
15号针

休1针

编织花样

20（23针）起针

外层

※按照数字的顺序编织花片。

2
挑23针
1
3
挑23针
起23针
挑23针
4
6
5
挑23针
挑23针

在第6片的
编织终点，
用剩余的线
编织针与
行的接缝

内层

※按照数字的顺序编织花片。

2
（焦褐色）
挑23针
1
（芥末黄色）
3
（芥末黄色）
挑23针
起23针
挑23针
4
（焦褐色）
6
（焦褐色）
挑23针
5
（芥末黄色）

在第6片
编织终点，
用剩余的
编织针与
的接缝

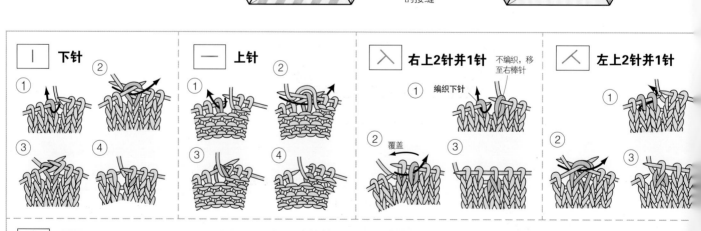

| ⎜ 下针 | — 上针 | ⼂ 右上2针并1针 | ⼈ 左上2针并1针 |

下针：① ② ③ ④
上针：① ② ③ ④
右上2针并1针：① 编织下针 ② 覆盖 ③ 不编织，移至右棒针
左上2针并1针：① ② ③

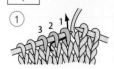 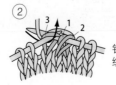

人 **中上3针并1针**

① 按照箭头方向，将针插入针目1、2中，不编织，只移动针目。

② 针目3编织下针。

③ 将移至右棒针的针目1、2覆盖在针目3上。

④ 正中间的针目重叠在最上方，中上3针并1针就编织好了。

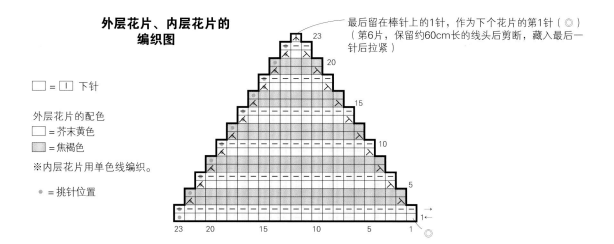

外层花片、内层花片的编织图

最后留在棒针上的1针，作为下个花片的第1针（◎）
（第6片，保留约60cm长的线头后剪断，藏入最后一针后拉紧）

□ = ⊥ 下针

外层花片的配色
□ = 芥末黄色
▨ = 焦褐色

※内层花片用单色线编织。

● = 挑针位置

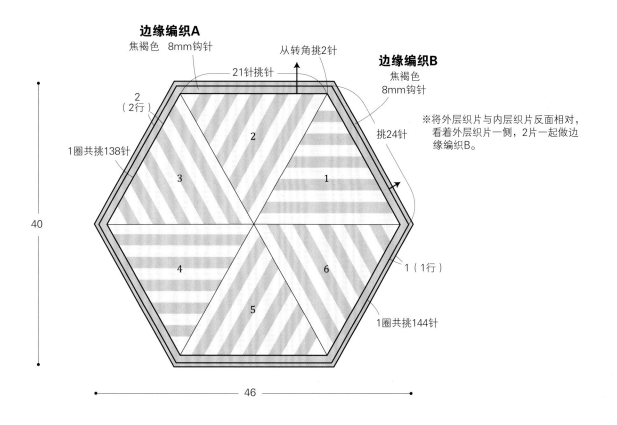

边缘编织A
焦褐色　8mm钩针

从转角挑2针

21针挑针

2（2行）

1圈共挑138针

40

边缘编织B
焦褐色
8mm钩针

挑24针

※将外层织片与内层织片反面相对，
看着外层织片一侧，2片一起做边缘编织B。

1（1行）

1圈共挑144针

46

边缘编织A、B的编织图

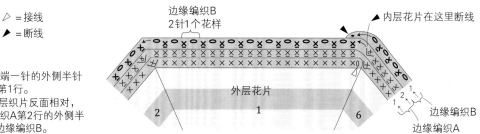

╱ = 接线

◤ = 断线

边缘编织B
2针1个花样

内层花片在这里断线

外层花片

※挑起各个花片顶端一针的外侧半针做边缘编织A的第1行。

※将外层织片与内层织片反面相对，分别挑起边缘编织A第2行的外侧半针，2片一起做边缘编织B。

边缘编织B
边缘编织A

材料

和麻纳卡 JUMBONNY
本白色（1）120g
抹茶色（12）120g
芥末黄色（24）120g
嫩绿色（27）120g
褐色（30）70g

工具

和麻纳卡 棒针 圆头 2 支　8mm
和麻纳卡 竹制钩针　8mm

完成尺寸

长 42cm，宽 42cm

编织方法

1. 正常起针，编织花片①。
2. 在编织花片②～⑨的第 1 行时，一边从旁边的花片上挑针一边编织。
3. 编织 2 片相同的织片。
4. 将 2 片织片对齐，留返口，用引拔针接合。
5. 将主体翻至正面，将返口用下针接缝。

主体的编织图

※按照①～⑨的顺序编织花片（自花片②以后，在编织第1行时，从相邻花片上挑针）。　　□=|̄| 下针

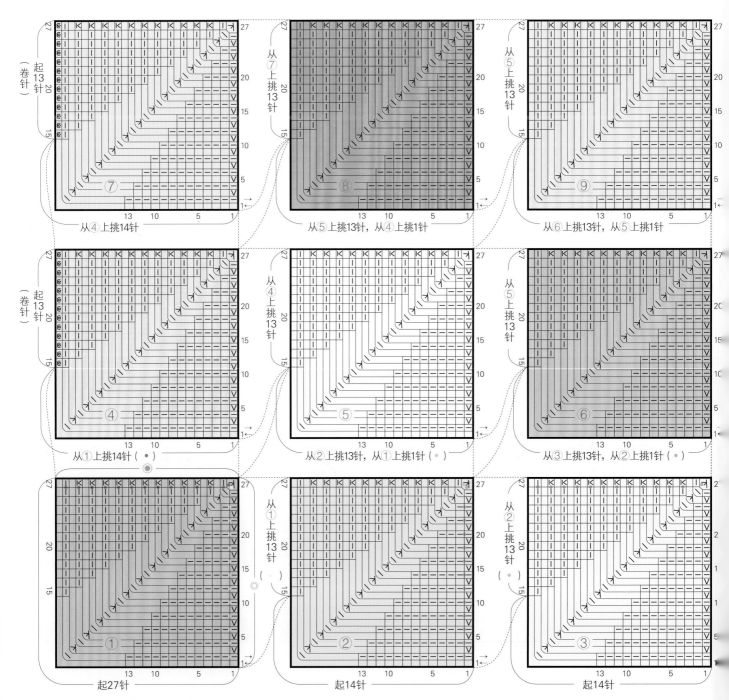

◎、◉ = 27行

花片的配色

花片	颜色
①、⑥	抹茶色
②、⑦	嫩绿色
③、⑤	本白色
④、⑨	芥末黄色
⑧	褐色

花片（9片）
8mm针

※花片①~⑨通用。

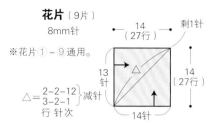

14（27行）————剩1针
13针
14（27行）

△ = 2-2-12 } 减针
　　3-2-1
　　行 针次

14针

主体（2片）

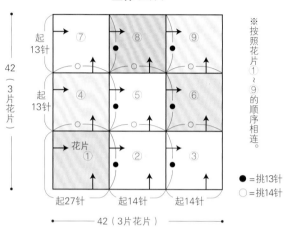

起13针 ⑦ ⑧ ⑨
起13针 ④ ⑤ ⑥
花片① ② ③

42（3片花片）

起27针　起14针　起14针

42（3片花片）

※按照花片①~⑨的顺序相连。

● = 挑13针
○ = 挑14针

组合方法

主体（反面）
用引拔针接合
抹茶色　8mm钩针
主体（正面）
主体（正面）
接合终点　接合起点
花片②　花片②
返口

下针接合
嫩绿色

从返口将主体翻至正面，将2片花片②用下针接缝（拉紧接缝线的方法）

将2片主体正面相对，保留2个花片②同一处作为返口，四周用引拔针接合

※为了更加清晰易懂，变换了接缝线的颜色进行说明。

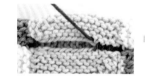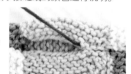

按照下针接缝的要领，将接缝线穿过2片花片②的起针中，每缝五六针，将线拉紧，隐藏接缝针目。

花片的编织方法

花片①

编织右上3针并1针
中间
右上3针并1针

1 正常起针，第2行编织下针。第3行的最初1针，按照箭头方向入针，编织滑针。

2 自第2针以后，按照箭头方向入针，编织下针。

3 将中间的3针（第13、14、15针），按照右上3针并1针编织。

4 编织好右上3针并1针的样子。剩余的针目继续编织下针。

编织终点

5 第3行编织好了。自第5行以后的奇数行，也用相同的方法重复步骤1~4进行编织。

6 自第4行以后的偶数行，最初的1针编织滑针，剩余的针目编织下针。

7 编织好全部27行后，保留约10cm长后剪断线头，穿过最后剩余的1针后拉紧线头。花片①编织好了。

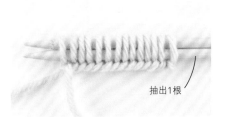

抽出1根

8　正常起针，起14针，抽出1根棒针。

编织终点

9　继续，用带有起针针目的棒针从花片①的◎上挑起13针。按照箭头方向入针，挂上花片②的线后拉出。

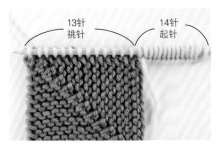

13针挑针　　14针起针

10　14针起针和13针挑针，组成了花片②的第1行。自第2行以后，按照与花片①相同的方法编织。

花片④

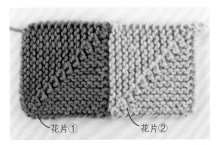

花片①　　花片②

11　花片②编织好了。花片③和花片②相同，起14针，再从花片②上挑起13针，然后继续编织。

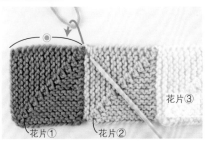

花片①　花片②　花片③

12　从花片①的◉上挑起14针。

13　挑好了14针的样子。

卷针

14　继续编织13针卷针起针。在左手的食指上挂线，按照箭头方向插入右针，缠绕编织线。

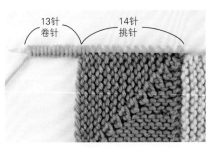

13针卷针　　14针挑针

15　编织好了13针卷针起针。自第2行以后，按照与花片①相同的方法编织。

16　花片④编织好了。

花片⑤

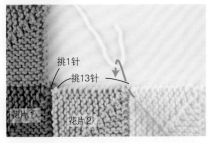

挑1针
挑13针
花片①　花片②

17　从花片②上挑起13针，从花片①上挑起1针。

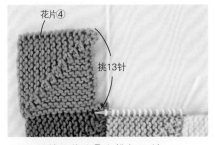

花片④
挑13针

18　继续从花片④上挑起13针。

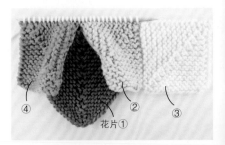

④　②　③
花片①

19　自第2行以后，按照与花片①相同的方法编织。自花片⑥以后，参考编织图，按照相同的要领编织。

13、14、15

材料

和麻纳卡 BONNY

13 淡紫色（496）150g
14 草绿色（602）150g
15 淡褐色（480）115g
　　 本白色（442）25g
　　 艳粉色（601）10g
　　 草绿色（602）10g

工具

和麻纳卡 双头钩针　6/0 号

完成尺寸

长 33cm，宽 36cm

编织方法

编织锁针环形起针，编织主体。

作品15的配色

■ = 淡褐色
□ = 草绿色
▨ = 艳粉色
□ = 本白色

※ 作品13、14均使用单色线编织。

主体的编织图

六角星针
6/0号钩针

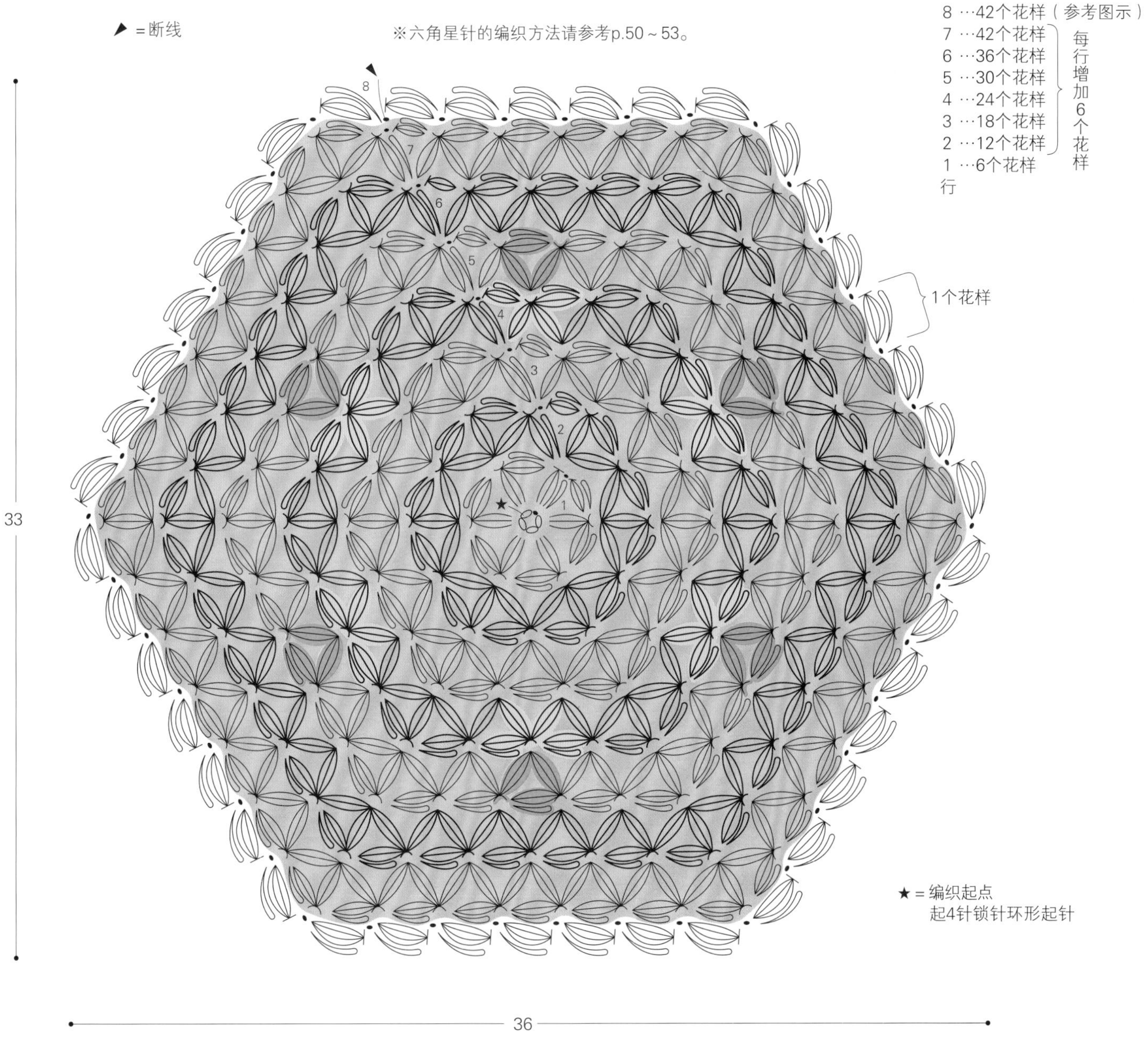

▶ =断线

※六角星针的编织方法请参考p.50～53。

8 …42个花样（参考图示）
7 …42个花样
6 …36个花样
5 …30个花样　每行增加6个花样
4 …24个花样
3 …18个花样
2 …12个花样
1 …6个花样
行

1个花样

33

36

★ = 编织起点
起4针锁针环形起针

起针

锁针环形起针

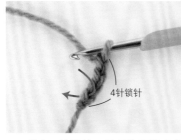

1 编织4针锁针，然后按照箭头方向，将针插入第1个针目中。

2 在针上挂线后，引拔出。

3 4针锁针变成了圆环。锁针环形起针就完成了。

第1行

基本的六角星针

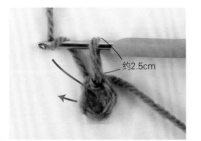

1 将挂在针上的线圈拉伸至约2.5cm的高度。在针上挂线，按照箭头方向将针插入起针的圆环中，挂线后拉出。

2 编织好了1针未完成的中长针。按照相同的方法，在起针的圆环中再编入2针未完成的中长针。

3 编织好了3针未完成的中长针。在针上挂线，用左手捏住★处，按照箭头方向一次性拉出。

4 用左手捏住的★的线，形成了一个线圈。将针插入线圈中，这时，拉动左手的线进行调整，收紧★的线。

5 在针上挂线，按照箭头方向一次性引拔出。

6 在针上挂线，编织1针锁针。

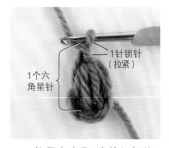

7 拉紧在步骤6中编织好的1针锁针。完成了1个六角星针。

2针六角星针并1针

8 将挂在针上的线圈拉伸至约2.5cm的高度。在针上挂线，按照箭头方向将针插入步骤6中的锁针下方，编织3针未完成的中长针（第1次）。

9 在针上挂线，按照箭头方向将针插入起针的圆环中，编织3针未完成的中长针（第2次）。

10 编织好了2次3针未完成的中长针。在针上挂线，用左手捏住★处，按照箭头方向一次性引拔出。

2针六角星
针并1针

11 按照箭头方向,将针插入
★的线形成的线圈中。

12 在针上挂线,一次性引拔
出。

13 在针上挂线,编织1针锁针。

14 拉紧在步骤13中编织好的
1针锁针。完成了1个2针
六角星针并1针。

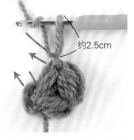

约2.5cm

15 重复步骤8~14,编织2针六
角星针并1针。

16 共编织5次2针六角星针并1
针。然后,按照箭头方向入
针,编织1个六角星针。

17 最后,按照箭头方向入针,
挂线后拉出。

18 第1行编织好了。

第2行

1 将挂在针上的线圈拉伸至约2.5cm的高度,按照箭头方向入
针,编织2针六角星针并1针。

2 按照相同的方法,按照箭头方向入针,再编织1次2针六角星针
并1针。

3针六角星
针并1针

第3次 第2次 第1次

3 将挂在针上的线圈拉伸至约2.5cm
的高度。在针上挂线,按照箭头
方向入针,在3个位置分别编入
3针未完成的中长针。

4 编织好了3次3针未完成的中长针。
在针上挂线,用左手捏住★处,
按照箭头方向一次性引拔出。

5 按照箭头方向,将针插入★的线
形成的线圈中。

6 — 在针上挂线，一次性引拔出。

7 — 在针上挂线，编织1针锁针。

8 — 拉紧在步骤7中编织好的1针锁针。完成了1次3针六角星针并1针。
3针六角星针并1针

9 — 交替重复编织"2针六角星针并1针"和"3针六角星针并1针"，继续编织第2行。
约2.5cm

第3行

▶

10 — 最后，编织1次六角星针，按照箭头方向入针，挂线后拉出。

11 — 第2行编织好了。

参考编织图，编织第3行。

变换线的颜色的方法（仅15）A色=淡褐色　B色=草绿色　C色=艳粉色

第4行

B色

B色
A色
约2.5cm

第1次

1 — 在第4行变换线的颜色前，编织3针六角星针并1针最后的1针锁针时，在针上挂B色线后拉出（A色线不要剪断，暂时放置备用）。

2 — 将拉出的B色线的线圈拉伸至约2.5cm的高度，编织3针未完成的中长针（第1次）。这时，将B色线的线头一起包裹在里面。

3 — 第2次和第3次的3针未完成的中长针，按照箭头方向入针，用B色线编织，并将2根线都包裹在里面。

第3次　第2次　第1次
★

▶

A色　B色

4 — 2根线被包裹在里面。在针上挂线，捏住★处一次性拉出，编织完成3针六角星针并1针。

5 — 用B色线编织后面的3针未完成的中长针（第1次）。

6 将B色线暂时放置备用，
用A色线包裹B色线，并
编织3针未完成的中长针
（第2、3次）。

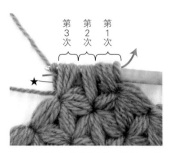

7 在针上挂A色线，捏住★处
一次性引拔出，编织完成3
针六角星针并1针。

8 用2个颜色的线编织好了3
针六角星针并1针。按照
相同的方法，一边包裹住
暂时放置备用的线，一边
在指定的位置更换颜色。

9 最后，用B色线编织1次六角
星针，按照箭头方向入针，
挂上A色线后拉出。

10 第4行编织好了。

第5行

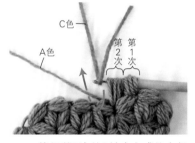

1 编织第3次的3针未完成的中长
针时，在针上挂C色线，按照箭
头方向入针。这时，将A色线包
裹在里面。

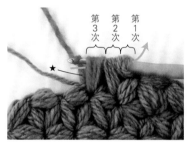

2 在针上挂C色线，捏住★处一次
性拉出，编织完成3针六角星针
并1针。

3 用2个颜色的线编织好了3针六
角星针并1针。

4 用C色线编织后面的3针未完成
的中长针（第1、2次）。

5 将C色线暂时放置备用，用A色线
编织3针未完成的中长针（第3
次）。

6 在针上挂A色线，捏住★处
一次性拉出，编织完成3针
六角星针并1针。

7 用2个颜色的线编织好了3
针六角星针并1针。将C色
线保留约10cm长后剪断。

8 用相同的方法，将A色线不
剪断包裹在里面，C色线每
个花样都接新线，编织好
第5行。

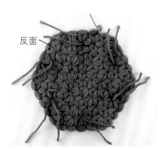

9 在反面残留的C色线线头，
最后隐藏在织片的反面进
行处理。

材料

和麻纳卡 BONNY

10 黑色（402）110g

深灰色（481）95g

本白色（442）85g

11 紫红色（499）110g

淡紫色（496）95g

本白色（442）85g

工具

和麻纳卡 双头钩针 7/0 号

完成尺寸

直径 36cm

编织方法

1. 锁针起针，编织 1 片花片。

2. 自第 2 片以后，一边与旁边的花片相连一边编织，共编织 9 片花片。

3. 环形起针，编织内层织片。

4. 将花片与内层织片反面相对，做边缘编织。

配色

	10	11
A色	深灰色	淡紫色
B色	黑色	紫红色
C色	本白色	本白色

※整束挑起针的锁针，编织第1行的短针。

在前一行的顶部，编织1针未完成的长针。然后挑起前一行的根部，编织未完成的长针的正拉针，在针上挂线，2个针目一次性引拔出

花片的编织图

（A色、B色、C色 各3片）

7/0号钩针

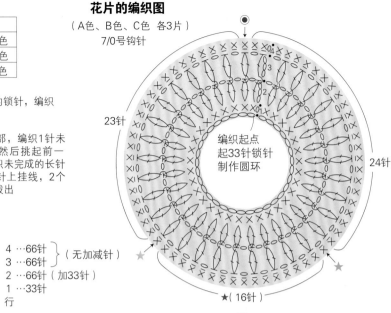

编织起点
起33针锁针
制作圆环

23针

24针

4…66针 （无加减针）
3…66针
2…66针（加33针）
1…33针
行

★（16针）

18

36

内层织片的编织图

7/0号钩针

□ = A色
■ = B色
□ = C色

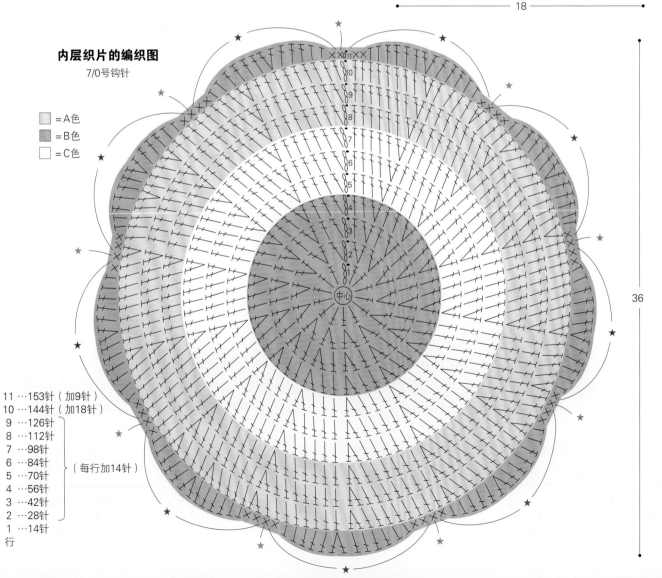

中心

11…153针（加9针）
10…144针（加18针）
9…126针
8…112针
7…98针
6…84针
5…70针 （每行加14针）
4…56针
3…42针
2…28针
1…14针
行

花片的连接方法

将起针穿过前一个花片的中间后连接成圆环

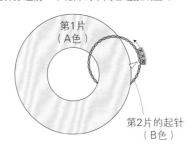

第1片（A色）

第2片的起针（B色）

▷ = 编织起点

第9片的起针，需要穿过第8片和第1片花片的中间后连成圆环

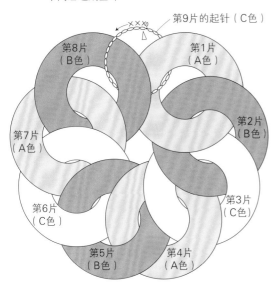

第9片的起针（C色）

第8片（B色）

第1片（A色）

第7片（A色）

第2片（B色）

第6片（C色）

第3片（C色）

第5片（B色）

第4片（A色）

边缘编织

B色 7/0号钩针

※将花片与内层织片反面相对，看着花片一侧一起做边缘编织。

1圈挑153针

1.5（2行）

将9片花片的●处对齐，缝合固定

将3片花片重叠的位置，在内侧缝合固定

边缘编织的编织图

♡ = 变形的反短针

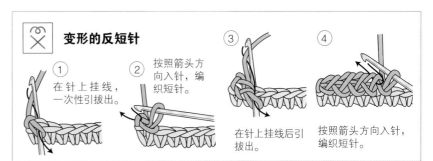

2→
1←

× = 将内层织片和花片的★处重叠，2片一起挑16针

× = 将内层织片的★处和2片花片的★、★处重叠，3片一起挑1针

变形的反短针

① 在针上挂线，一次性引拔出。

② 按照箭头方向入针，编织短针。

③ 在针上挂线后引拔出。

④ 按照箭头方向入针，编织短针。

花片的连接方法

第1片

1 1片花片编织好了。将编织起点和编织终点的线头藏入织片的反面进行处理。

第2片
第1片

2 第2片花片用B色线起针，穿过第1片花片后连成圆环。

3 在穿过第1片花片的状态下，继续编织第2片花片的第1～4行。

4 第2片花片编织好了。用相同的方法一边编织，一边连接第3～9片。

材料

和麻纳卡 BONNY
浅蓝色（472）110g
水蓝色（439）100g
天蓝色（471）80g
蓝色（462）70g

工具

和麻纳卡 双头钩针 7.5/0 号

完成尺寸

直径 42cm

编织方法

1. 环形起针，编织外层织片、内层织片。
2. 将外层织片与内层织片反面相对，做边缘编织。

内层织片的编织图

7.5/0号钩针

□ = 水蓝色　　□ = 天蓝色
□ = 浅蓝色　　■ = 蓝色

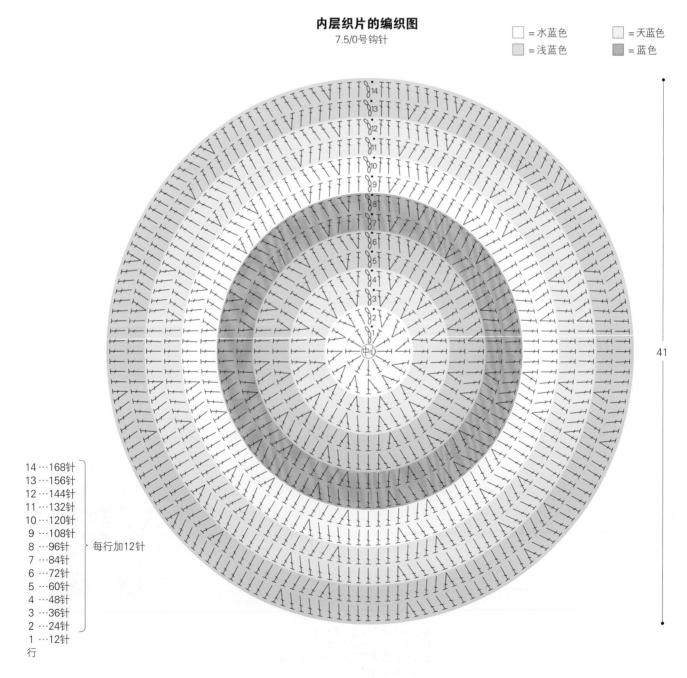

14…168针
13…156针
12…144针
11…132针
10…120针
9…108针
8…96针　　每行加12针
7…84针
6…72针
5…60针
4…48针
3…36针
2…24针
1…12针
行

41

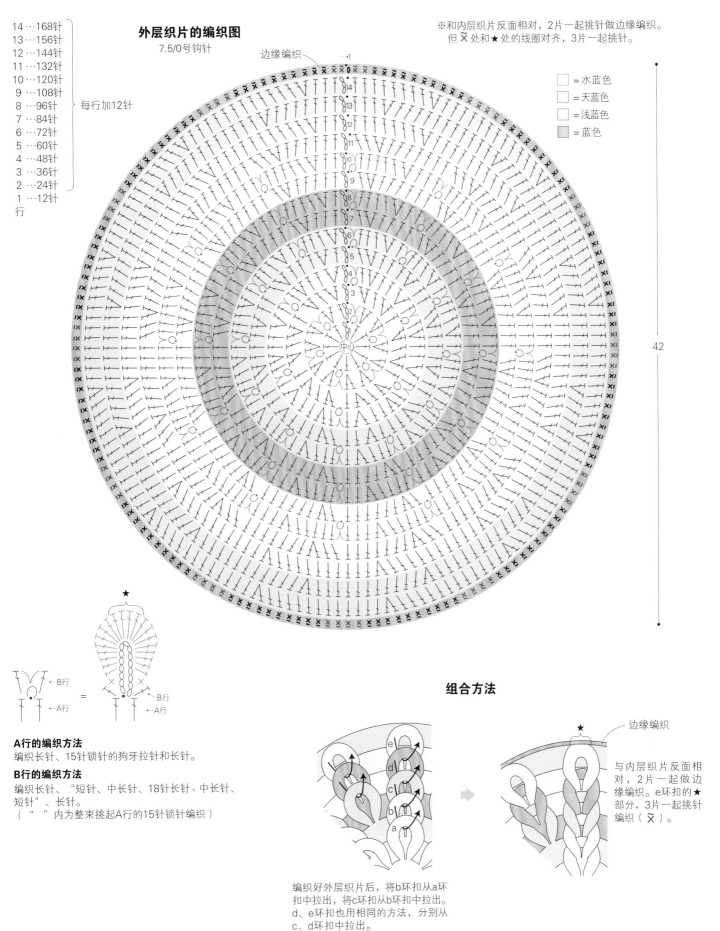

14⋯168针
13⋯156针
12⋯144针
11⋯132针
10⋯120针
9⋯108针
8⋯96针   每行加12针
7⋯84针
6⋯72针
5⋯60针
4⋯48针
3⋯36针
2⋯24针
1⋯12针
行

外层织片的编织图

7.5/0号钩针

边缘编织

※和内层织片反面相对，2片一起挑针做边缘编织。
但 ⊼ 处和★处的线圈对齐，3片一起挑针。

□ = 水蓝色
□ = 天蓝色
□ = 浅蓝色
▨ = 蓝色

中心

42

←B行
←A行
←A行
=
←B行
←A行

A行的编织方法
编织长针、15针锁针的狗牙拉针和长针。

B行的编织方法
编织长针、"短针、中长针、18针长针、中长针、
短针"、长针。
（ " " 内为整束挑起A行的15针锁针编织 ）

组合方法

★
边缘编织

e
d
c
b
a

编织好外层织片后，将b环
扣从a环扣中拉出，将c环扣从b环扣中拉出。
d、e环扣也用相同的方法，分别从
c、d环扣中拉出。

与内层织片反面相
对，2片一起做边
缘编织。e环扣的★
部分，3片一起挑针
编织（ ⊼ ）。

57

材料

和麻纳卡 JUMBONNY
米色（2）90g
灰色（28）90g
淡粉色（9）75g
水蓝色（14）75g

工具

和麻纳卡 竹制钩针 8mm

完成尺寸

直径38cm

编织方法

1. 环形起针，编织内层织片和外层织片。
2. 环形起针，编织1片花片，在最后一行将其连接在内层织片和外层织片上。
   自第2片花片开始，在最后一行也需连接在旁边的花片上，共编织18片花片。

内层织片的编织图

8mm钩针

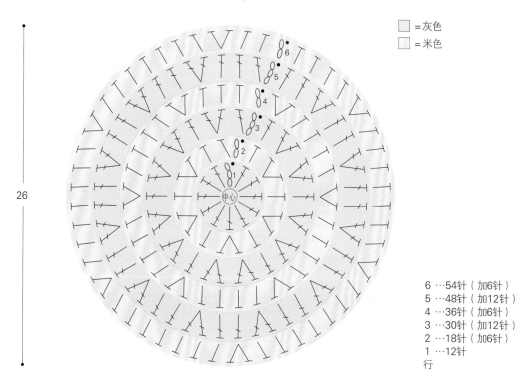

□ =灰色
□ =米色

6 …54针（加6针）
5 …48针（加12针）
4 …36针（加6针）
3 …30针（加12针）
2 …18针（加6针）
1 …12针
行

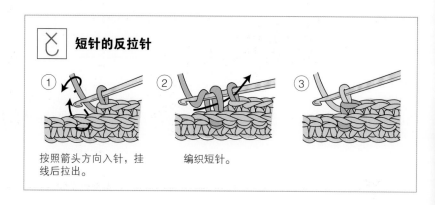

短针的反拉针

① 按照箭头方向入针，挂线后拉出。

② 编织短针。

③

外层织片和花片的编织图

8mm钩针

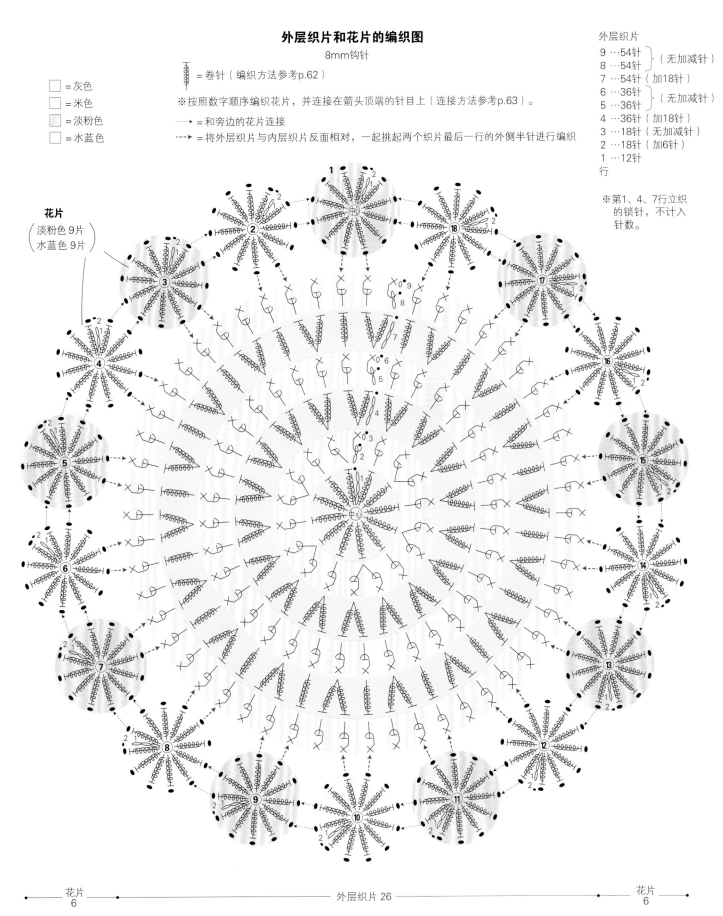

□ = 灰色
□ = 米色
□ = 淡粉色
□ = 水蓝色

= 卷针（编织方法参考p.62）

※按照数字顺序编织花片，并连接在箭头顶端的针目上（连接方法参考p.63）。

·····▶ = 和旁边的花片连接

--▶ = 将外层织片与内层织片反面相对，一起挑起两个织片最后一行的外侧半针进行编织

外层织片
9 …54针
8 …54针 （无加减针）
7 …54针（加18针）
6 …36针
5 …36针 （无加减针）
4 …36针（加18针）
3 …18针（无加减针）
2 …18针（加6针）
1 …12针
行

※第1、4、7行立织的锁针，不计入针数。

花片
（淡粉色9片
水蓝色9片）

花片
6

外层织片 26

花片
6

59

材料
和麻纳卡 BONNY
祖母绿色（498）70g
棉棠色（433）65g
嫩绿色（492）40g

工具
和麻纳卡 双头钩针 8/0 号

完成尺寸
直径 34cm

编织方法
1. 环形起针，编织内层织片。
2. 锁针起针，编织外层织片。
3. 将外层织片与内层织片反面相对，做边缘编织。

※ 将外层织片与内层织反面相对，
2片一起挑针编织边缘编织的×处。

（✝ 为只挑起外层）

内层织片的编织图
8/0号钩针

10…128针（加8针）
9…120针（加16针）
8…104针（加8针）
7…96针 }
6…80针 } 每行加16针
5…64针（加8针）
4…56针 }
3…40针 } 每行加16针
2…24针（加12针）
1…12针
行

✝=做边缘编织，这一针越过不织

□ = 嫩绿色
▨ = 棉棠色
■ = 祖母绿色

边缘编织开始挑针的位置

33

外层织片、边缘编织的编织方法
8/0钩针

边缘编织

1个花样（这个范围共重复4次）

14

※第3、5行，在前两行织片的外侧，在前一行上编织。（均整束挑起锁针编织）

✗ = 在前一行的针目与针目间整束挑起

✝ = 在前一行 ⌒ 的内侧编织✝，编入前两行中

✝ = 在前一行⌒的外侧编织✝，编入前两行中

✝ = 一边将前一行包裹在里面，一边编入前两行中

※自第4行以后，每行的编织终点不要将线剪断，而是将线团隐藏在钩针通过的线圈中拉紧。偶数行（嫩绿色）在织片的内侧，奇数行（棉棠色、祖母绿色）在织片的外侧，将线暂时放置备用，在下一个配色边缘继续编织。

边缘编织…144针（无加减针）
19…144针（加16针）
18…128针（无加减针）
17…128针（加8针）
16…120针（无加减针）
15…120针（加16针）
14…104针（无加减针）
13…104针（加16针）
12…88针（无加减针）
11…88针（加8针）
10…80针（无加减针）
9…80针（加16针）
8…64针（无加减针）
7…64针（加16针）
6…48针（无加减针）
5…48针（加24针）
4…24针
3…参考图示
2…12针
1…参考图示
行

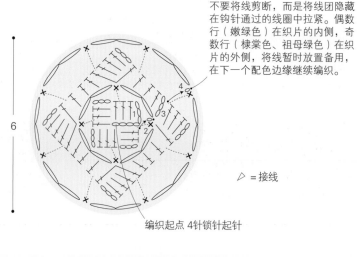

6

▷ = 接线

编织起点 4针锁针起针

花片的编织图
（37片）

8mm钩针

材料

和麻纳卡 JUMBONNY
玫瑰粉色（7）50g
灰粉色（10）50g
橄榄绿色（13）50g
芥末黄色（24）50g
褐色（30）50g
米色（2）40g
嫩绿色（27）40g
蓝色（34）40g

工具

和麻纳卡 竹制钩针 8mm

完成尺寸

长37cm，宽42cm

编织方法

1. 编织锁针环形起针，编织花片。
2. 自第2片以后的花片，一边在最后一行与旁边的花片相连一边编织，共编织37片花片。

配色

花片	颜色
1、20、26、29、34	玫瑰粉色
2、8、15、28、35	褐色
3、10、18、21、30	灰粉色
4、11、17、19	嫩绿色
5、22、27、31、36	橄榄绿色
6、12、16、24	米色
7、13、23、32、37	芥末黄色
9、14、25、33	蓝色

编织起点
3针锁针环形起针

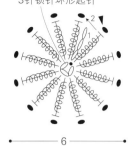

◀ =断线

花片的排列方法

※按照数字顺序编织花片，在箭头顶端的针目上连接（连接方法参考p.63）。

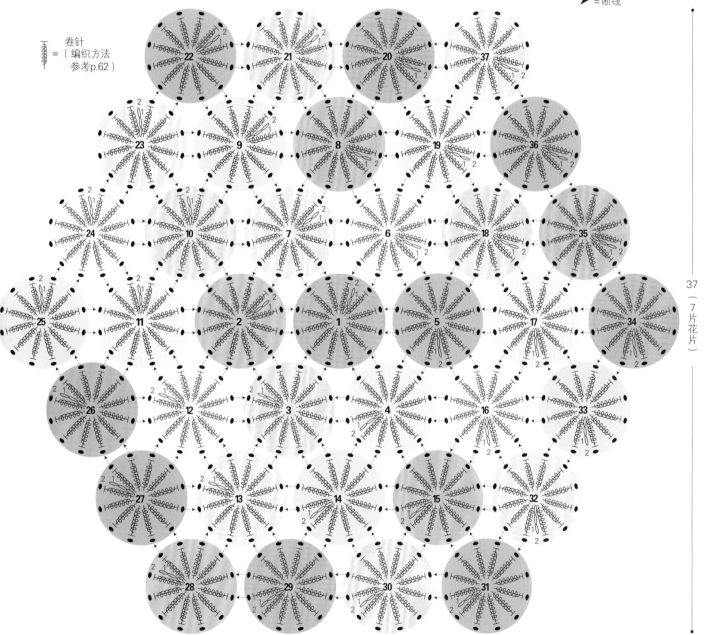

17 卷针六边形坐垫的编织图

花片（第1片）的编织方法

起针

1　编织3针锁针，按照箭头方向，将针插入第1针的针目中，挂线后引拔出。

2　3针锁针形成了圆环。锁针环形起针就完成了。

第1行

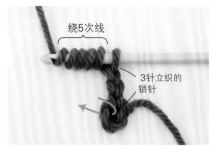

1　编织3针立织的锁针。继续在针上绕线5次，将针插入起针的圆环中，挂线后拉出。

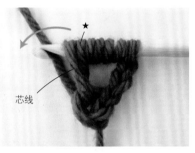

2　将拉出的线拉伸至与立织的锁针相同的高度（这将成为卷针的芯线）。用手指捏住绕在针上的最后的线（★），覆盖在芯线上。

3　★的线覆盖在芯线上的样子。按照相同的方法，将绕在针上的线按顺序覆盖在芯线上。

4　绕好的线全部覆盖好后，在针上挂线，按照箭头方向引拔出。

5　编织好了1针卷针（绕5次线）。

6　按照相同的方法重复编织，共编织好12针卷针。第1行编织好了。

第2行　※为了更加清晰易懂，更换了第2行的线的颜色。

1　按照箭头方向，将针插入第1针卷针的顶部，编织引拔针。

2　编织好了第1针引拔针。继续按照相同的方法入针，编织引拔针。

3　编织好了全部12针引拔针。第2行编织好了。最后，保留约10cm长后将线头剪断，将挂在针上的线直接拉出。

4　第1片花片编织完成。将线头藏入织片的反面进行处理。

花片的连接方法

※为了更加清晰易懂，更换了第2行的线的颜色。

〈 连接第2片 〉

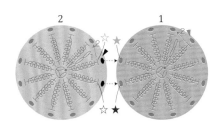

1 将第2片编织至连接前（第2行的第10针），暂时抽出钩针。将针插入第1片的连接位置（★）后，按照箭头方向，将钩针重新插入刚刚抽出钩针的针目中，并将针目从第1片中拉出。

2 从第1片中拉出了针目。继续按照箭头方向，将钩针插入第2片的下一个针目（☆）中。

3 在针上挂线，按照箭头方向，一次性引拔出。

4 引拔针（第11针）编织好了。

5 暂时抽出钩针，将钩针插入第1片花片的下一个连接位置（★）后，按照箭头方向，将钩针重新插入刚刚抽出钩针的针目中，并将针目从第1片花片中拉出。

6 从第1片花片中拉出了针目。继续按照箭头方向，将钩针插入第2片花片的下一个针目（☆）中，编织引拔针。

7 引拔针（第12针）编织好了。保留约10cm长后将线头剪断，将挂在针上的线直接拉出。

8 第2片花片编织完成。第1片与第2片在两处相连。

〈 连接第3片 〉

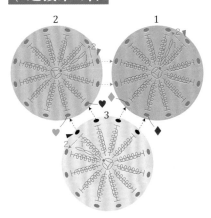

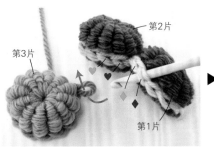

将第3片花片编织至连接前（第2行的第8针），按照与第2片花片相同的要领，分别与第1片和第2片在两处相连。自第4片以后，参考编织图，在指定位置与旁边的花片相连。

材料
和麻纳卡 BONNY
19 本白色（442）90g
　　蓝色（462）90g
　　灰色（486）85g
20 红色（404）90g
　　本白色（442）90g
　　灰色（486）85g

工具
和麻纳卡 双头钩针　7/0 号

完成尺寸
直径 36cm

编织方法
1. 环形起针，编织底座。
2. 从底座的反面挑针，编织褶边 A ~ G。
3. 做边缘编织。

配色

	19	20
A色	蓝色	红色
B色	本白色	本白色
C色	灰色	灰色

底座、边缘编织的编织图
7/0号钩针

■ = A色
□ = B色
■ = C色

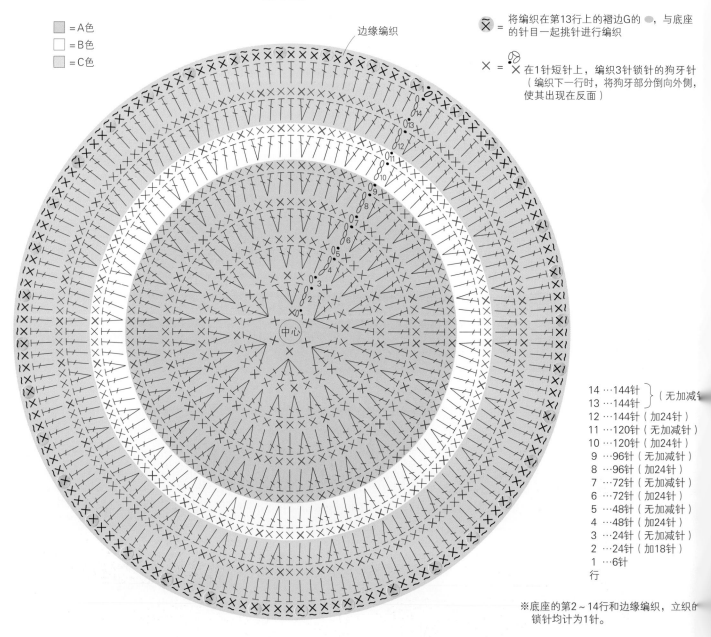

边缘编织

= 将编织在第13行上的褶边G的 ●，与底座的针目一起挑针进行编织

× = 在1针短针上，编织3针锁针的狗牙针（编织下一行时，将狗牙部分倒向外侧，使其出现在反面）

14 …144针 ⎫（无加减针）
13 …144针 ⎭
12 …144针（加24针）
11 …120针（无加减针）
10 …120针（加24针）
9 …96针（无加减针）
8 …96针（加24针）
7 …72针（无加减针）
6 …72针（加24针）
5 …48针（无加减针）
4 …48针（加24针）
3 …24针（无加减针）
2 …24针（加18针）
1 …6针
行

※底座的第2~14行和边缘编织，立织的锁针均计为1针。

褶边A～G   7/0号钩针

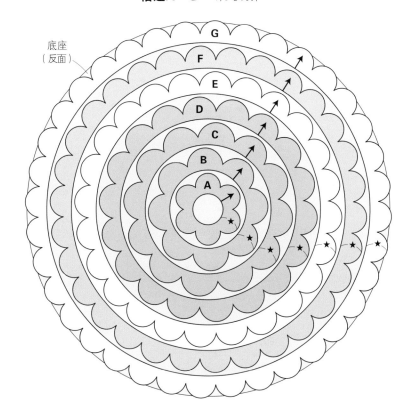

底座
（反面）

褶边A～G的编织位置、花样数量、配色

	编织位置 （底座）	花样数量	配色
A	第1行	6个花样	A色
B	第3行	8个花样	A色
C	第5行	12个花样	A色
D	第7行	18个花样	A色
E	第9行	24个花样	B色
F	第11行	30个花样	C色
G	第13行	36个花样	B色

★ = 2.5（1行）

※所有的褶边，均看着底座的反面，整束挑起出现在反面
的3针锁针的狗牙针，在底座上编织。

褶边A的编织图

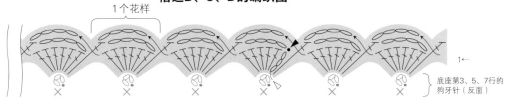

1个花样

▷ = 接线
▶ = 断线

底座第1行的
狗牙针（反面）

1←

褶边B、C、D的编织图

1个花样

1←

底座第3、5、7行的
狗牙针（反面）

褶边E、F、G的编织图

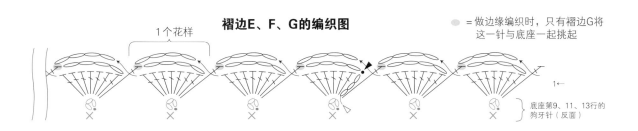

1个花样

● = 做边缘编织时，只有褶边G将
这一针与底座一起挑起

1←

底座第9、11、13行的
狗牙针（反面）

※为了更加清晰易懂，更换了线的颜色。

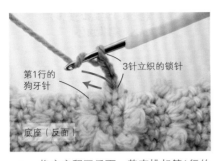

1 将底座翻至反面，整束挑起第1行的狗牙针，挂线，编织褶边A的3针立织的锁针和4针长针。

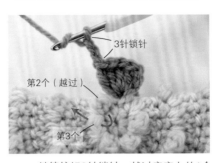

2 继续编织3针锁针。越过底座上的1个狗牙针，将针插入第3个狗牙针中，编织1针长针。

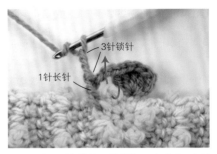

3 编织3针锁针，将针插入在步骤2中越过的第2个狗牙针中，编织5针长针。

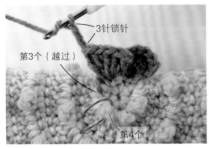

4 编织**3**针锁针，越过第3个狗牙针，将针插入第4个狗牙针中，编织1针长针。

5 按照与步骤3、4相同的要领重复编织，从底座第1行的狗牙针上挑针编织1圈。

6 在第5个狗牙针上编织5针长针，再编织3针锁针，将针插入第1个狗牙针中，编织1针长针。

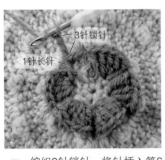

7 编织3针锁针，将针插入第6个狗牙针中，编织5针长针。

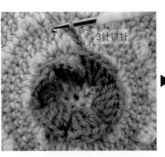

8 编织3针锁针。将最初编织的褶边暂时倒向前面让出空间，将针插入第2个狗牙针中，编织1针长针。

9 编织3针锁针。

10 最后，将针插入3针立织的锁针中，编织引拔针。

11 将线头藏入织片的反面，褶边A就编织好了。

12 剩余的褶边B~G，也按照与褶边A相同的要领编织，分别从底座的狗牙针上挑针后进行编织。

材料
和麻纳卡 BONNY

26 艳粉色（601）350g
　　草绿色（602）45g

27 薰衣草色（612）350g
　　草绿色（602）45g

28 粉色（465）350g
　　草绿色（602）45g

工具
和麻纳卡 双头钩针 7.5/0 号

完成尺寸
直径约37cm（花朵部分）

编织方法
1. 锁针起针，编织指定片数的花瓣 A、B、C、D、E。
2. 分别从花瓣 A、B、C、D 上挑针，做边缘编织 A、B、C、D。
3. 锁针起针，编织叶子。
4. 继续锁针起针，编织底座。中途，重叠边缘编织 A、B、C、D 一起挑针，最后拉紧固定。
5. 在底座的中间缝上花瓣 E。
6. 缝合固定花瓣与花瓣重叠的地方。
7. 将底座的第 1 行，用回针缝缝合在花瓣 A 上。

配色

	26	27	28
A色	艳粉色	薰衣草色	粉色
B色	草绿色	草绿色	草绿色

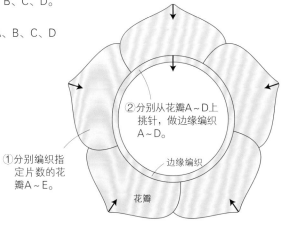

**花瓣、边缘编织的
编织顺序**

②分别从花瓣A~D上
挑针，做边缘编织
A~D。

①分别编织指
定片数的花
瓣A~E。

边缘编织

花瓣

花瓣A的编织图 （5片）

A色 7.5/0号钩针

只挑起前面的针目进行编织

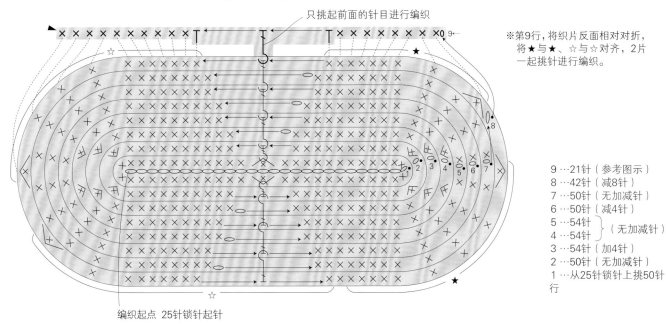

※第9行，将织片反面相对对折，
将★与★、☆与☆对齐，2片
一起挑针进行编织。

9 …21针（参考图示）
8 …42针（减8针）
7 …50针（无加减针）
6 …50针（减4针）
5 …54针 ⎫
4 …54针 ⎬（无加减针）
3 …54针（加4针）
2 …50针（无加减针）
1 …从25针锁针上挑50针
行

编织起点 25针锁针起针

△ = 接线
▲ = 断线

边缘编织A的编织图　　A色 7.5/0号钩针
※从花瓣A的第9行挑针，将5片花瓣连接成圆环。

一圈挑84针　　　　共重复6次

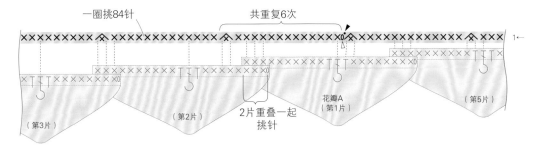

（第3片）　　（第2片）　2片重叠一起
挑针　　花瓣A
（第1片）　（第5片）

花瓣B的编织图 （5片）

A色 7.5/0号钩针

只挑起前面的针目进行编织

※第9行，将织片反面相对对折，将♥与♥、♡与♡对齐，2片一起挑针进行编织。

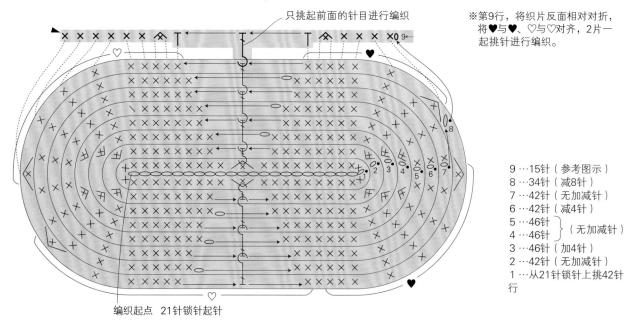

编织起点 21针锁针起针

9 ···15针（参考图示）
8 ···34针（减8针）
7 ···42针（无加减针）
6 ···42针（减4针）
5 ···46针 ⎫
4 ···46针 ⎬（无加减针）
3 ···46针（加4针）
2 ···42针（无加减针）
1 ···从21针锁针上挑42针
行

边缘编织B的编织图　　A色 7.5/0号钩针

※从花瓣B的第9行上挑针，将5片花瓣连接成圆环。

一圈挑54针　　共重复6次

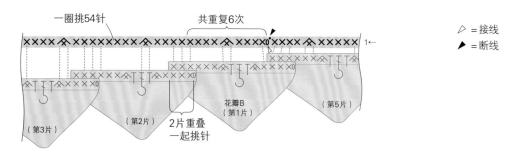

（第3片）　（第2片）　2片重叠一起挑针　花瓣B（第1片）　（第5片）

▷ = 接线
▶ = 断线

花瓣E的编织图

A色 7.5/0号钩针

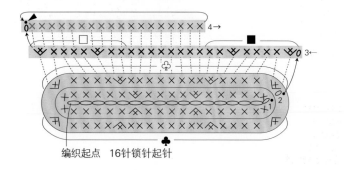

编织起点　16针锁针起针

※第3行，将织片反面相对对折，将♣、♧对齐，2片一起挑针编织。

※第4行的×，将■（反面）重叠在□（反面）上，2片一起挑针编织。

□（反面）
■（反面）

4 ···18针 ⎫
3 ···28针 ⎬（参考图示）
2 ···48针（加8针）
1 ···从16针锁针上挑40针
行

花瓣C的编织图 （3片）

A色 7.5/0号钩针

只挑起前面的针目进行编织

※第7行，将织片反面相对对折，
将♠与♠、♤与♤对齐，2片
一起挑针编织。

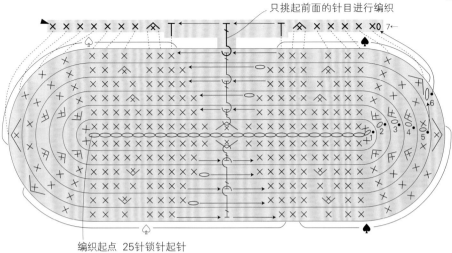

编织起点 25针锁针起针

7 …17针（参考图示）
6 …38针（减8针）
5 …46针（减4针）
4 …50针
3 …50针 } （无加减针）
2 …50针
1 …从25针锁针上挑50针
行

边缘编织C的编织图　A色 7.5/0号钩针

※从花瓣C的第7行上挑针，将3片花瓣连接成圆环。

一圈挑36针

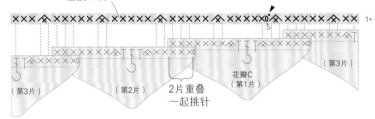

（第3片）　（第2片）　2片重叠
一起挑针　　花瓣C
（第1片）　　（第3片）

▷ ＝接线
▶ ＝断线

花瓣D的编织图 （3片）

A色 7.5/0号钩针

只挑起前面的针目进行编织

编织起点　17针锁针起针

5 …11针（参考图示）
4 …22针（减8针）
3 …30针（减4针）
2 …34针（无加减针）
1 …从17针锁针上挑34针
行

※第5行，将织片反面相对对折，
将◆与◆、◇与◇对齐，2片
一起挑针编织。

边缘编织D的编织图

A色 7.5/0号钩针

※从花瓣D的第5行上挑针，将3片花瓣连接成圆环。

一圈挑18针

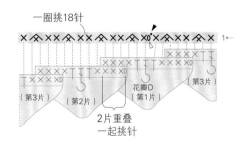

（第3片）　（第2片）　花瓣D
（第1片）　（第3片）

2片重叠
一起挑针

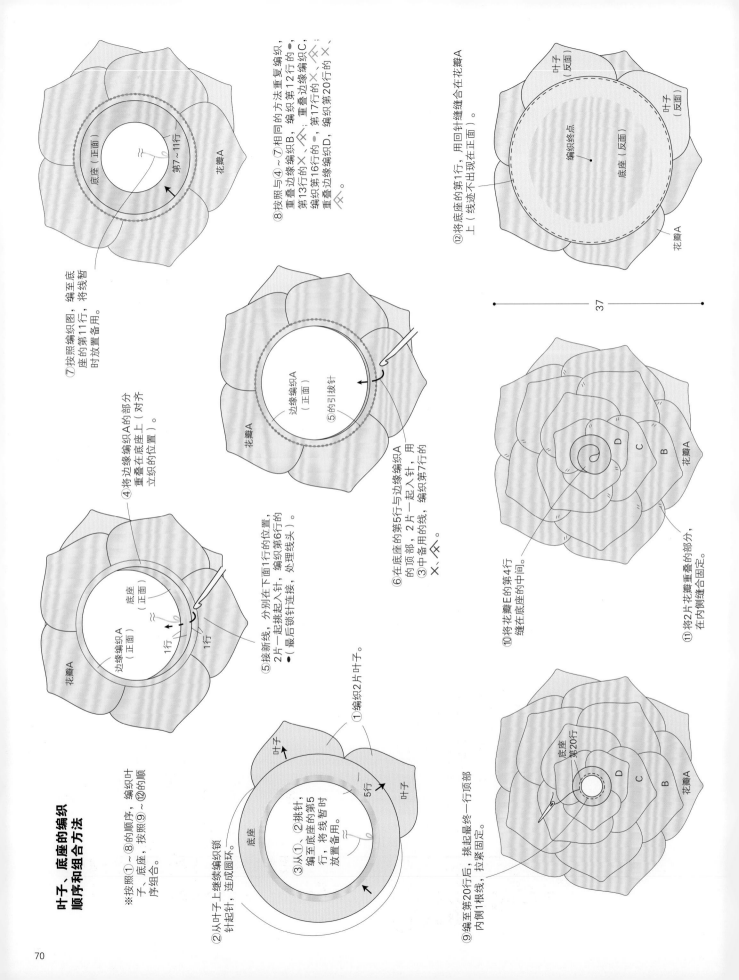

叶子、底座的编织顺序和组合方法

淡按照①~⑧的顺序，编织叶子、底座，按照⑨~⑫的顺序组合。

⑦按照编织图，编至底座的第11行，将线暂时放置备用。

第7~11行

底座（正面）

花瓣A

④将边缘编织A的部分重叠在底座上（对齐立织的位置）。

边缘编织A（正面）

底座（正面）

1行

1行

花瓣A

⑤接新线，分别在下面1行的位置，2片一起挑起入针，编织第6行的（最后锁针连接，处理线头）。

②从叶子上继续编织锁针起针，连成圆环。

底座

③从①、②挑针，编至底座的第5行，将线暂时放置备用。

5行

叶子

叶子

①编织2片叶子。

⑧按照与④~⑦相同的方法重复编织，重叠边缘编织B，编织第12行的＝；第13行的×、亽；重叠边缘编织C，编织第16行的×、亽；第17行的×、亽；重叠边缘编织D，编织第20行的×、亽。

边缘编织A（正面）

⑤的引拔针

花瓣A

⑥在底座的第5行与边缘编织A的顶部，2片一起入针，用③中备用的线，编织第7行的×、亽。

37

⑫将底座的第1行，用回针缝缝合在花瓣A上（线迹不出现在正面）。

编织终点

底座（反面）

叶子（反面）

叶子（反面）

花瓣A

⑩将花瓣E的第4行，缝在底座的中间。

D C B

花瓣A

⑪将2片花瓣重叠的部分，在内侧缝合固定。

⑨编织至第20行后，挑起最终一行顶部内侧1根线，拉紧固定。

底座 第20行

D C B

花瓣A

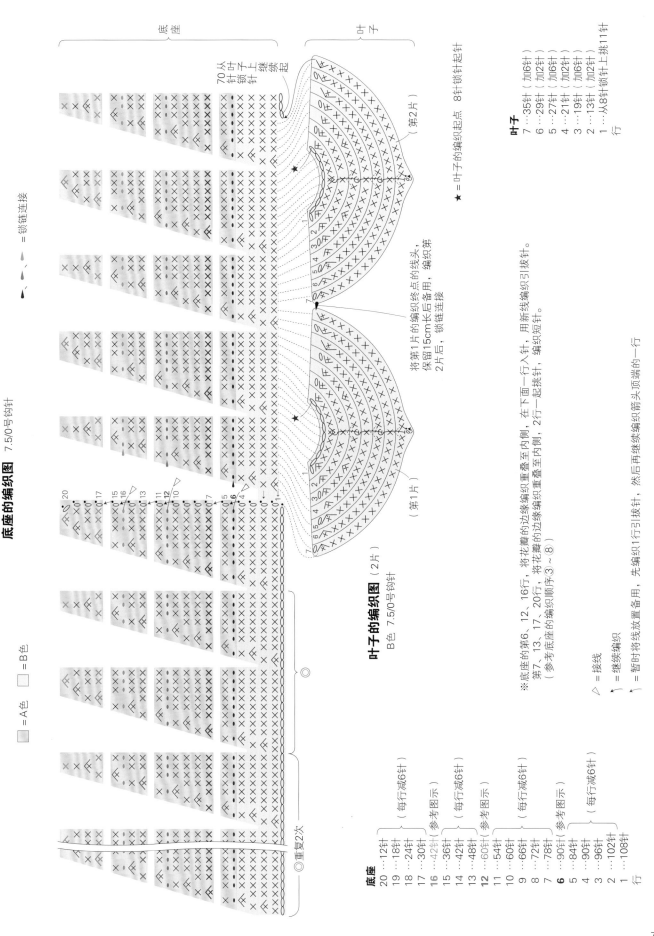

底座的编织图 7.5/0号钩针

■ = A色　□ = B色

〜〜〜 = 锁链连接

底座　　　　　　　　　　　　　　　　　　　　叶子

70 从叶子上继续起针 锁针

◎重复2次

叶子的编织图（2片）

B色 7.5/0号钩针

★ = 叶子的编织起点　8针锁针起针

叶子

7…35针（加6针）
6…29针（加2针）
5…27针（加6针）
4…21针（加2针）
3…19针（加6针）
2…13针（加2针）
1…从8针锁针上挑11针
行

将第1片的编织终点的线头，
保留15cm长后备用，编织第
2片后，锁链连接。

将第1片的编织终点的线头，
保留15cm长后备用，在下面一行入针，用新线编织引拔针，2行一起挑针，编织短针。

△ = 接线

↗ = 继续编织

↖ = 暂时将线放置备用，先织1行引拔针，然后再继续编织前端头顶端的一行

※底座的第6、12、16行，将花瓣的边缘编织重叠至内侧，
第7、13、17、20行，将花瓣的边缘编织重叠至内侧。
（参考底座的编织顺序③～⑧）

底座

20…12针
19…18针
18…24针
17…30针
16…42针（参考图示）
15…36针
14…42针（每行减6针）
13…48针
12…60针（参考图示）
11…54针
10…60针
9…66针（每行减6针）
8…72针
7…78针（参考图示）
6…90针
5…84针
4…90针（每行减6针）
3…96针
2…102针
1…108针
行

（第2片）

（第1片）

71

材料

和麻纳卡 BONNY
深橙色（414）95g
柠檬色（432）50g
橙色（434）50g
奶油色（478）50g

工具

和麻纳卡 双头钩针 7.5/0 号

完成尺寸

直径 35cm

编织方法

1. 环形起针，编织主体。
2. 从主体上挑针，做边缘编织。

※主体自第5行以后的奇数行和边缘编织第1行的短针，
均先将前一行倒向前面，在前两行上编织。

主体、边缘编织的编织图

7.5/0号钩针

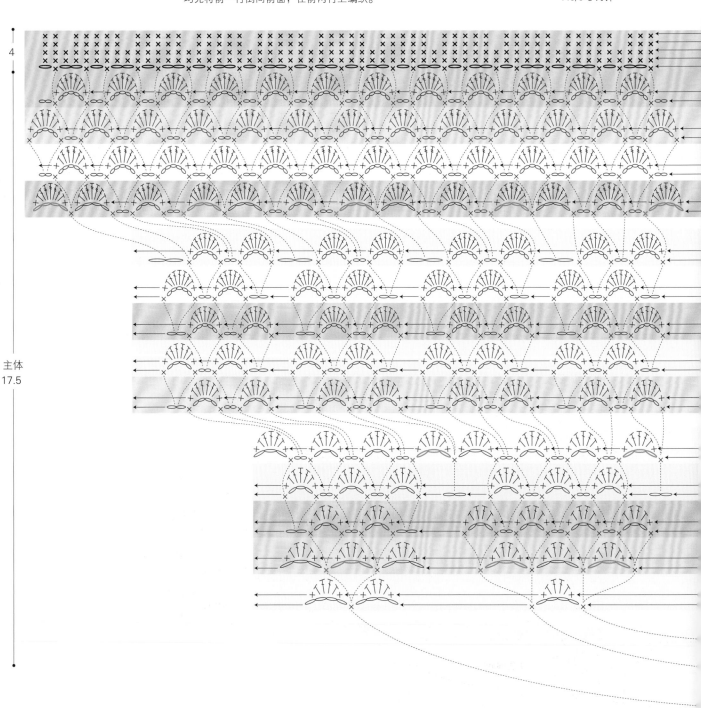

4

主体
17.5

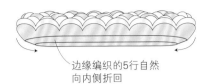

边缘编织的5行自然
向内侧折回

边缘编织 {
5 …100针（无加减针）
4 …100针（减20针）
3 …120针 }（无加减针）
2 …120针 }
1 …120针
行
}

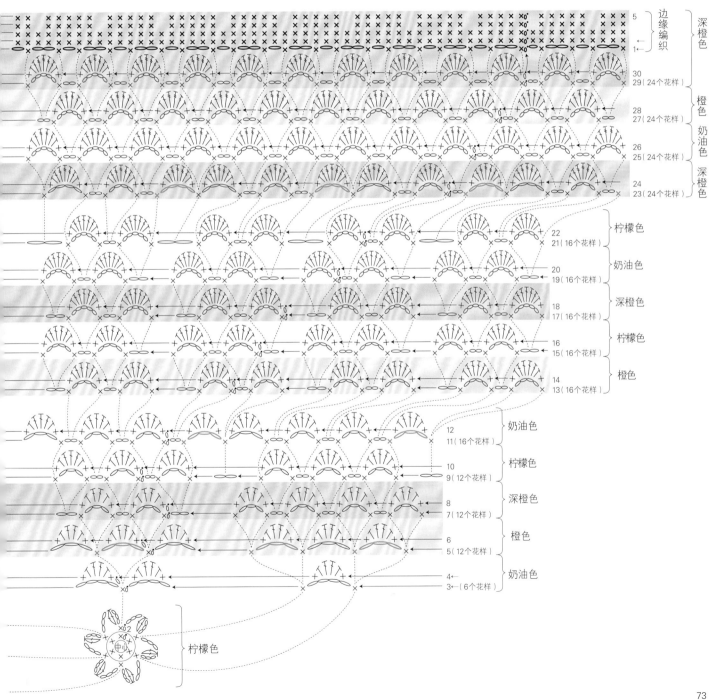

、 =增加花样的位置

深橙色 边缘编织 5 ←1

橙色 30 29（24个花样）
奶油色 28 27（24个花样）
26 25（24个花样）
深橙色 24 23（24个花样）

柠檬色 22 21（16个花样）
奶油色 20 19（16个花样）
深橙色 18 17（16个花样）
柠檬色 16 15（16个花样）
橙色 14 13（16个花样）

奶油色 12 11（16个花样）
柠檬色 10 9（12个花样）
深橙色 8 7（12个花样）
橙色 6 5（12个花样）
奶油色 4← 3←（6个花样）

柠檬色

材料

和麻纳卡 BONNY
深米色（418）100g
芥末黄色（491）50g
红色（404）40g
本白色（442）40g

工具

和麻纳卡 双头钩针 7.5/0 号

完成尺寸

直径 38cm

编织方法

1. 环形起针，编织内层织片。
2. 环形起针，编织 12 个花片。
3. 环形起针，编织外层织片。中途，从花片上挑针。
4. 将外层织片与内层织片反面相对，做边缘编织。

内层织片的编织图

深米色
7.5/0号钩针

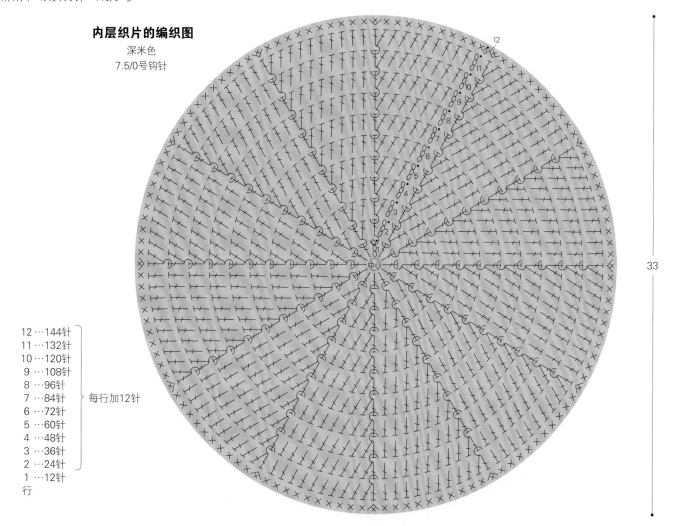

12…144针
11…132针
10…120针
9…108针
8…96针
7…84针
6…72针
5…60针
4…48针
3…36针
2…24针
1…12针
行

每行加12针

33

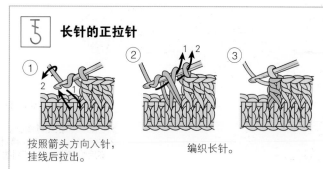

长针的正拉针

① 按照箭头方向入针，挂线后拉出。
② 编织长针。
③

※看着织片的反面编织正拉针时，从正面看编织出的就是反拉针。

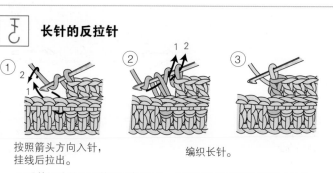

长针的反拉针

① 按照箭头方向入针，挂线后拉出。
② 编织长针。
③

※看着织片的反面编织反拉针时，从正面看编织出的就是正拉针。

花片的编织图

（12片）

本白色 7.5/0号钩针

→ = 用引拔针在箭头顶端的针目上连接

※第8行，按照花片1~12的顺序挑针，编织内侧（蓝色符号部分）1周，继续，按照12~1的顺序挑针，编织外侧（黑色符号部分）。

※第13行的 为在前一行的锁针前面，挑起再前一行的针目进行编织。

※边缘编织第1行，将正面织片与反面织片反面相对，2片一起挑针。

外层织片、边缘编织的编织图

7.5/0号钩针

边缘编织

花片

□ = 本白色　▨ = 红色
□ = 芥末黄色　▨ = 深米色

△ = 接线
◄ = 断线

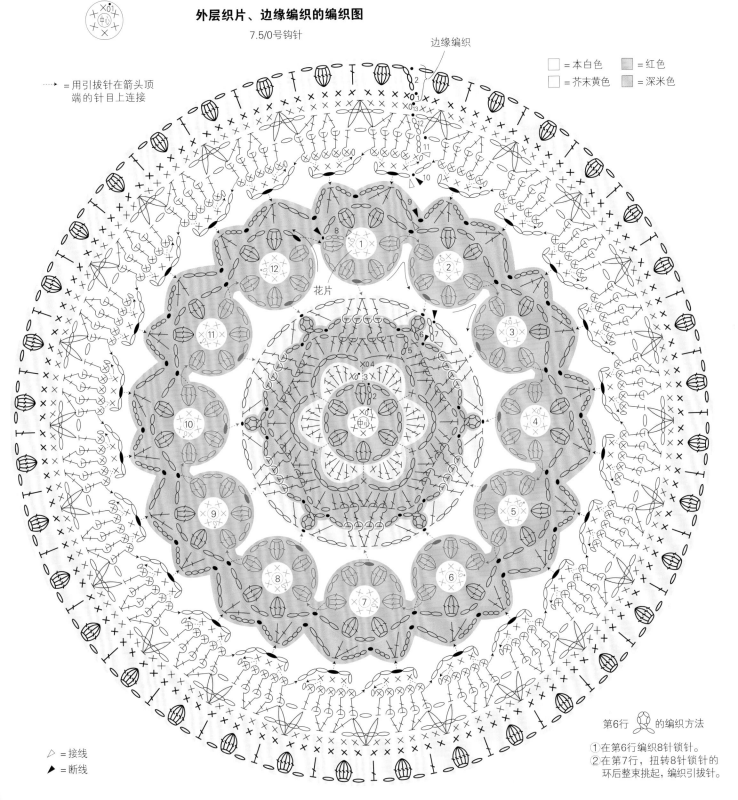

第6行 的编织方法

①在第6行编织8针锁针。
②在第7行，扭转8针锁针的环后整束挑起，编织引拔针。

38

材料

和麻纳卡 BONNY

23 粉橙色（605）75g

本白色（442）65g

玫瑰粉色（464）35g

24 冰绿色（607）75g

本白色（442）65g

焦褐色（419）35g

工具

和麻纳卡 双头钩针 7/0 号

完成尺寸

直径约 38cm

编织方法

1. 环形起针，编织主体。

2. 将 2 片主体反面相对，做边缘编织和装饰线迹。

配色

	23	24
A色	玫瑰粉色	焦褐色
B色	本白色	本白色
C色	粉橙色	冰绿色

主体的编织图 （2片）

7/0号钩针

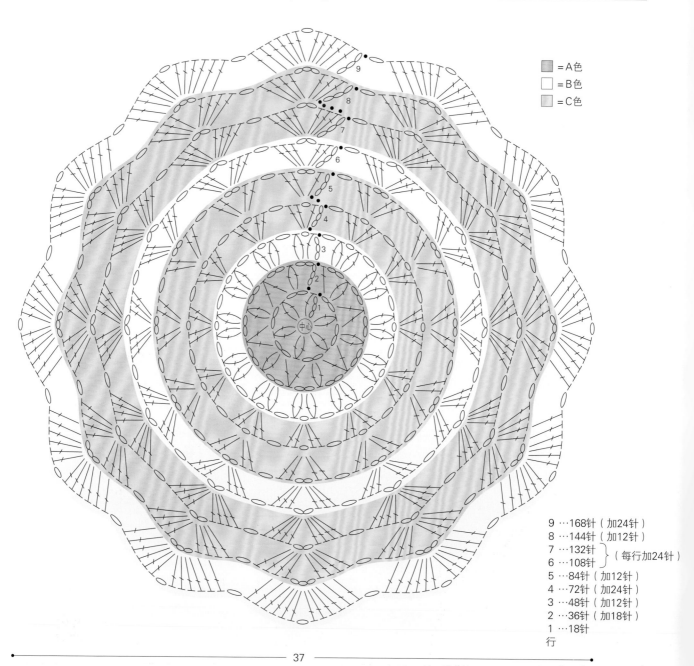

■ =A色

□ =B色

▨ =C色

9 ···168针（加24针）

8 ···144针（加12针）

7 ···132针

6 ···108针 } （每行加24针）

5 ···84针（加12针）

4 ···72针（加24针）

3 ···48针（加12针）

2 ···36针（加18针）

1 ···18针

行

边缘编织、装饰线迹的编织图

A色

7/0号钩针

※将2片主体反面相对，
　2片一起编织。

△ = 接线

▶ = 断线

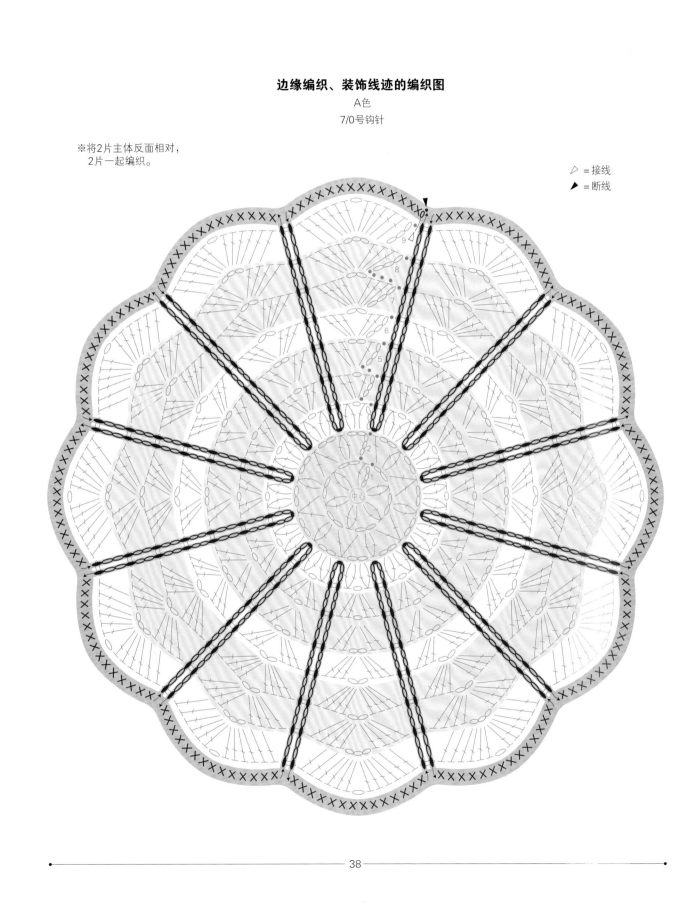

材料
和麻纳卡 BONNY
米色（417）260g
艳粉色（601）80g

工具
和麻纳卡 双头钩针 7.5/0 号

完成尺寸
直径 44cm

编织方法
1. 锁针起针，编织内层织片、外层织片。
2. 将内层织片、外层织片反面相对，编织装饰线迹，做边缘编织。

外层织片第3、6行的（编织卷形玫瑰A位置）编织方法

连接在下个针目上

继续编织7针锁针

※织片会自然卷起来。
外层织片编织好后，调整卷形玫瑰的形状。

18…240针（无加减针）
17…240针
16…192针｝（每行加48针）
15…144针（加16针）
14…128针（无加减针）
13…128针（加24针）
12…104针
11…88针｝（每行加16针）
10…72针
9…56针
8…48针
7…40针｝（每行加8针）
6…32针
5…24针
4…16针（参考图示）
3…3针
2…3针｝（无加减针）
1…3针
行

内层织片、外层织片的编织图
（各1片）
7.5/0号钩针

※内层织片，第3、6行的✕按照普通的✕编织，第9～18行的𝄐均按下编织。

▨ =艳粉色
▢ =米色

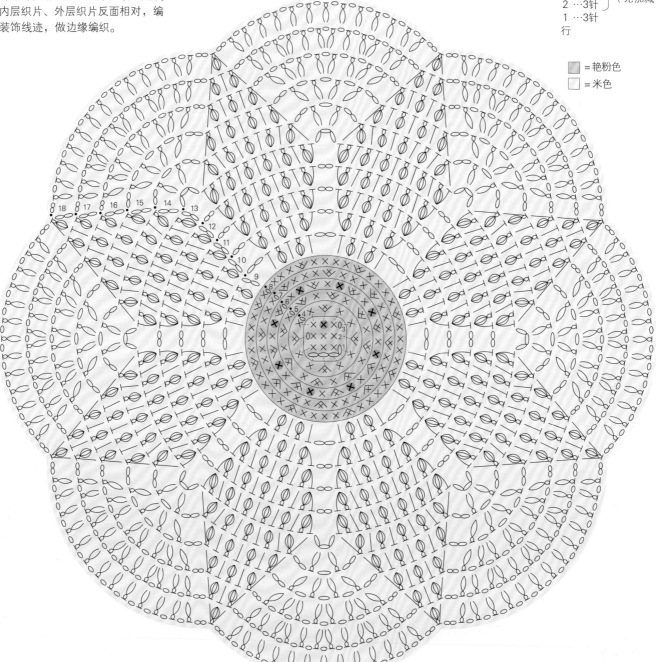

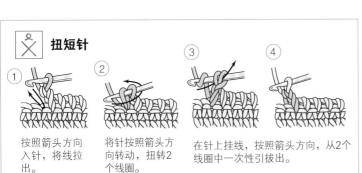

扭短针

① 按照箭头方向入针，将线拉出。

② 将针按照箭头方向转动，扭转2个线圈。

③ 在针上挂线，按照箭头方向，从2个线圈中一次性引拔出。

④

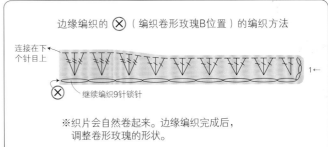

边缘编织的 ⊗（编织卷形玫瑰B位置）的编织方法

连接在下一个针目上

继续编织9针锁针

※织片会自然卷起来。边缘编织完成后，调整卷形玫瑰的形状。

装饰线迹、边缘编织的编织图

艳粉色 7.5/0号钩针

※将外层织片和内层织片反面相对，看着外层织片，2片一起编织。

⊗ = 扭短针

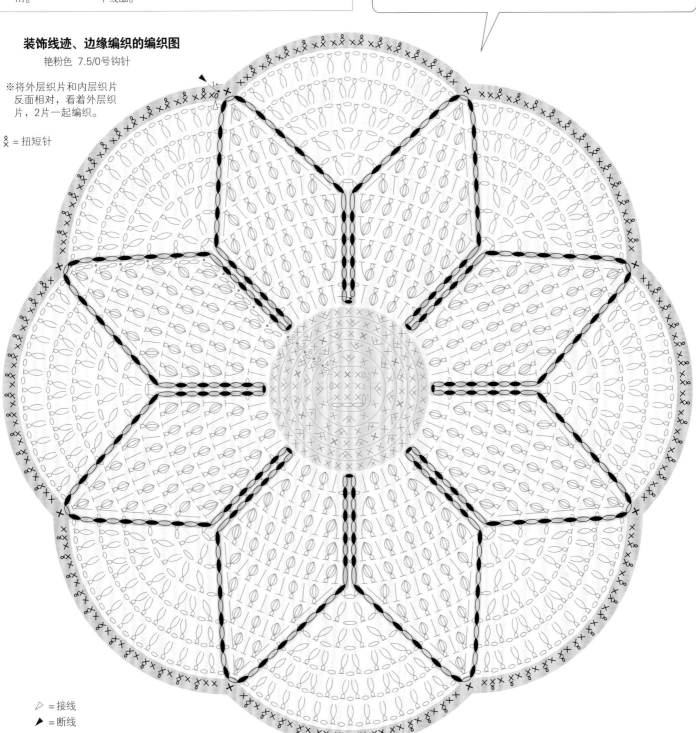

⟋ = 接线

◤ = 断线

材料

和麻纳卡 BONNY
深米色（418）55g
本白色（442）50g
深橙色（414）40g
奶油色（478）40g
艳粉色（601）40g
粉橙色（605）40g
祖母绿色（498）30g

工具

和麻纳卡 双头钩针 7/0 号

完成尺寸

长 39cm，宽 36cm

编织方法

1. 用锁针制作圆环起针，编织 1 片花片。
2. 自第 2 片以后，一边在最后一行与旁边的花片相连一边编织，共编织 19 片花片。
3. 做边缘编织。

花片的排列方法

※按照编号顺序，连接花片 a～e。

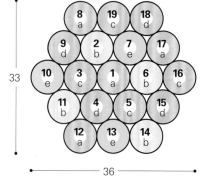

边缘编织

深米色　7/0号钩针

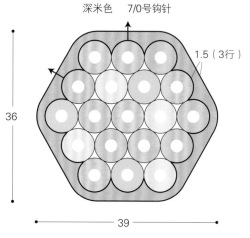

1.5（3行）

花片的配色

	花片a	花片b	花片c	花片d	花片e
第1、2行	本白色	本白色	本白色	本白色	本白色
第3、4行	艳粉色	奶油色	粉橙色	深橙色	祖母绿色
片数	4片	4片	4片	4片	3片

花片的编织图

7/0号钩针

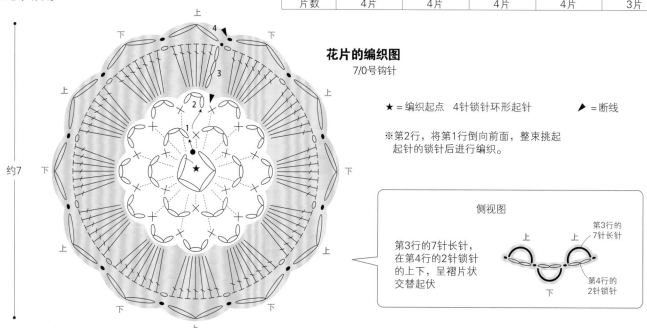

★ = 编织起点　4针锁针环形起针　　▶ = 断线

※第2行，将第1行倒向前面，整束挑起起针的锁针后进行编织。

第3行的7针长针，在第4行的2针锁针的上下，呈褶片状交替起伏

侧视图

上　上　第3行的7针长针

下　第4行的2针锁针

边缘编织的编织图

✕ = 整束挑起花片的锁针，将边缘编织
⋯ = 第1、2行包裹在里面

深米色　7/0号钩针

这个区域共重复编织6次

※边缘编织第2行的8针长针，与花片的第3行相同，上下呈褶片状交替起伏

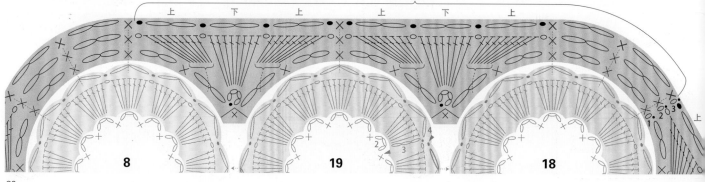

花片的连接图

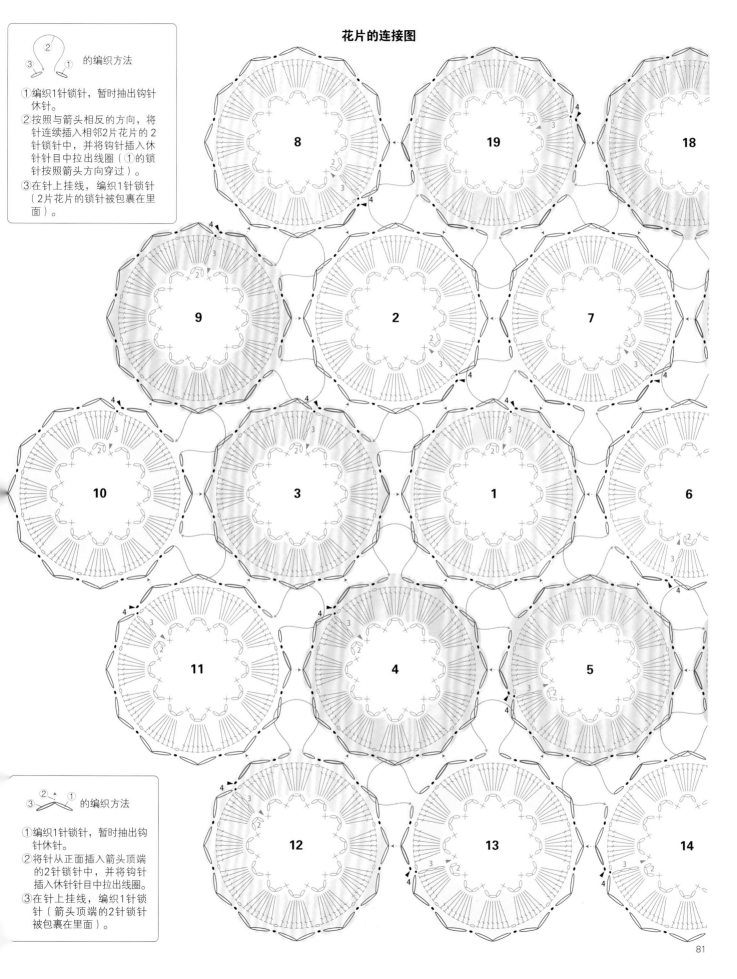

② ③ ① 的编织方法

① 编织1针锁针，暂时抽出钩针休针。
② 按照与箭头相反的方向，将针连续插入相邻2片花片的2针锁针中，并将钩针插入休针针目中拉出线圈（①的锁针按照箭头方向穿过）。
③ 在针上挂线，编织1针锁针（2片花片的锁针被包裹在里面）。

② ① ③ 的编织方法

① 编织1针锁针，暂时抽出钩针休针。
② 将针从正面插入箭头顶端的2针锁针中，并将钩针插入休针针目中拉出线圈。
③ 在针上挂线，编织1针锁针（箭头顶端的2针锁针被包裹在里面）。

材料

和麻纳卡 BONNY

30 芥末黄色（491）200g
　草绿色（602）115g
　本白色（442）50g

31 黑色（402）115g
　本白色（442）50g
　柠檬色（432）40g
　抹茶色（493）40g
　淡紫色（496）40g
　樱桃粉色（604）40g
　孔雀蓝色（608）40g

工具

和麻纳卡 双头钩针 7/0 号

完成尺寸

纵向 40cm，横向 40cm

编织方法

1. 编织锁针环形起针，编织 25 片花片。
2. 用锁针和短针接缝的方法缝合花片。
3. 做边缘编织。

花片的配色和片数

	30	31				
		花片a	花片b	花片c	花片d	花片e
A色	本白色	本白色	本白色	本白色	本白色	本白色
B色	芥末黄色	抹茶色	樱桃粉色	孔雀蓝色	柠檬色	淡紫色
片数	25片	5片	5片	5片	5片	5片

花片的编织图

（25片）
7/0号钩针

第1、2行
A色

★ = 编织起点
4针锁针
环形起针

※编织第2行时，使第1行的3针锁针向前面凸出。

第3、4行
B色

7.2

※将第2行倒向后面，第3行在第1行的3针锁针上编织。

侧视图

第3行的8针长针

第4行的3针锁针

上　上

下

第3行的8针长针，在第4行的3针锁针的上下，呈褶片状交替起伏

花片的布局

仅31

a = 花片a
b = 花片b
c = 花片c
d = 花片d
e = 花片e

花片

边缘编织
C色 7/0号钩针

2（2行）

锁针和短针接合
C色 7/0号钩针

40

配色

	30	31
C色	草绿色	黑色

花片的连接方法和边缘编织的编织图

※将相邻的花片反面相对，将钩针插入箭头顶端的针目中，2片一起挑起，编织锁针和短针接缝。

※做边缘编织前，仅在转角上的4片花片上，编织 ⌒⌒ 。

※边缘编织的第1行与花片第3行相同，上下呈褶片状交替起伏。

△ = 接线

▶ = 断线

整束挑起花片的锁针

只整束挑起转角
上的 ⌒⌒

锁针和短针接合

边缘编织

材料

和麻纳卡 BONNY
孔雀蓝色（608）110g
本白色（442）95g
芥末黄色（491）45g

工具

和麻纳卡 双头钩针 7/0 号

完成尺寸

长 40cm，宽 40cm

编织方法

1. 环形起针，编织 16 片花片。

2. 一边连接 16 片花片，一边编织外层织片。

3. 锁针起针，编织内层织片。

4. 将外层织片与内层织片反面相对，做边缘编织。

花片的编织图
（16 片）
芥末黄色
7/0号钩针

4.5

外层织片的编织图
7/0号钩针

※边缘编织第2行，与内层织片反面相对，2片一起挑起编织。

☐ =芥末黄色 ☐ =本白色 ☐ =孔雀蓝色

40

40

= 在箭头顶端的针目上用引拔针连接

边缘编织

编织花样

花片

⌣ = ×○×
在前一行的同一针目上编织

⌣ = ×○×
在前一行的同一针目上（挑起锁针的外侧1根线）编织

△=接线 ▶=断线

内层织片的编织图 孔雀蓝色 7/0号钩针

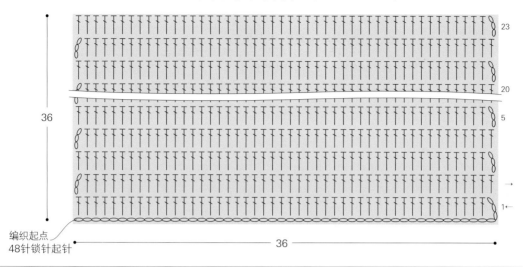

36

编织起点
48针锁针起针

36

内层织片的编织图
7.5/0号钩针

锁链连接

接p.86 **33**

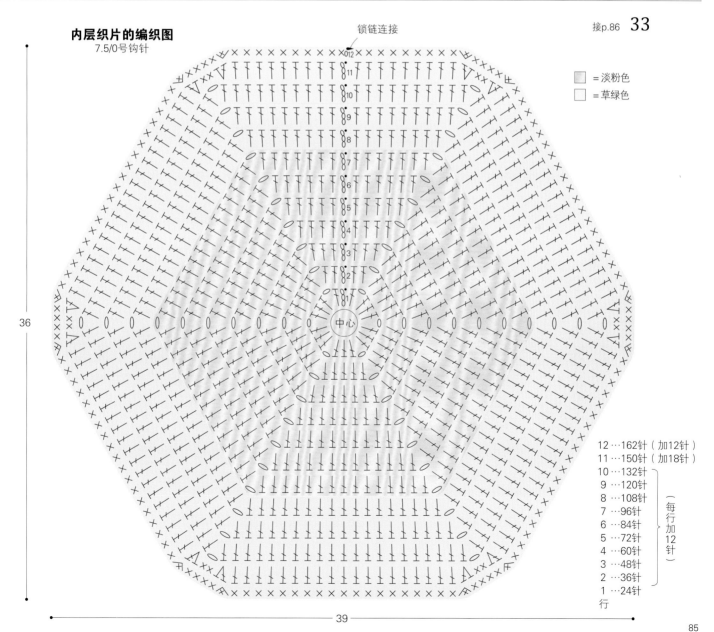

= 淡粉色

= 草绿色

36

39

12…162针（加12针）
11…150针（加18针）
10…132针
9…120针
8…108针
7…96针
6…84针
5…72针
4…60针
3…48针
2…36针
1…24针
行

（每行加12针）

材料

和麻纳卡 BONNY
草绿色（602）150g
淡粉色（405）95g
深粉色（474）45g
灰粉色（489）45g

工具

和麻纳卡 双头钩针 7.5/0 号

完成尺寸

长 39cm，宽 36cm

编织方法

1. 环形起针，编织第 1 片花片。
2. 自第 2 片以后，一边在最后一行与旁边的花片相连一边编织，共编织 19 片花片。
3. 在连编花片的四周做边缘编织。
4. 环形起针，编织内层织片。
5. 将外层织片与内层织片反面相对，用引拔针接缝。

※内层织片的编织图在p.85。

第2行 ┬ 的编织方法
① 编织长针。
② 编织1针锁针。
③ 按照狗牙针的要领，将钩针插入①的长针中，按照"短针、1针锁针、引拔针"的顺序编织。

花片的编织图

7.5/0号钩针

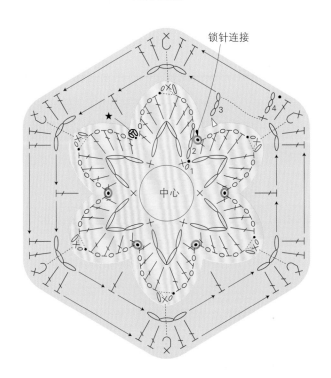

锁针连接

中心

8.3

7.2

※第2行的 ◉ 是从反面挑起★的3针锁针编织引拔针。
※第3行的 ◢ 是将第2行倒向前面，在第1行的×上接线。
※第3行的 ┬ 是将第2行倒向前面，在第1行的×上编织。
※第4行的 ⌒ 是在第3行的锁针的前面，在第2行的×上编织。

花片的配色

	花片 1、9、11、13、15、17、19	花片 2、4、6、10、14、18	花片 3、5、7、8、12、16
第1、2行	淡粉色	灰粉色	深粉色
第3、4行	草绿色	草绿色	草绿色

花片的连接方法和边缘编织的编织图

7.5/0号钩针

※按照数字顺序连接花片。［按照"在花瓣的顶端连接的方法"
（参考p.95），在箭头顶端的一针上连接］

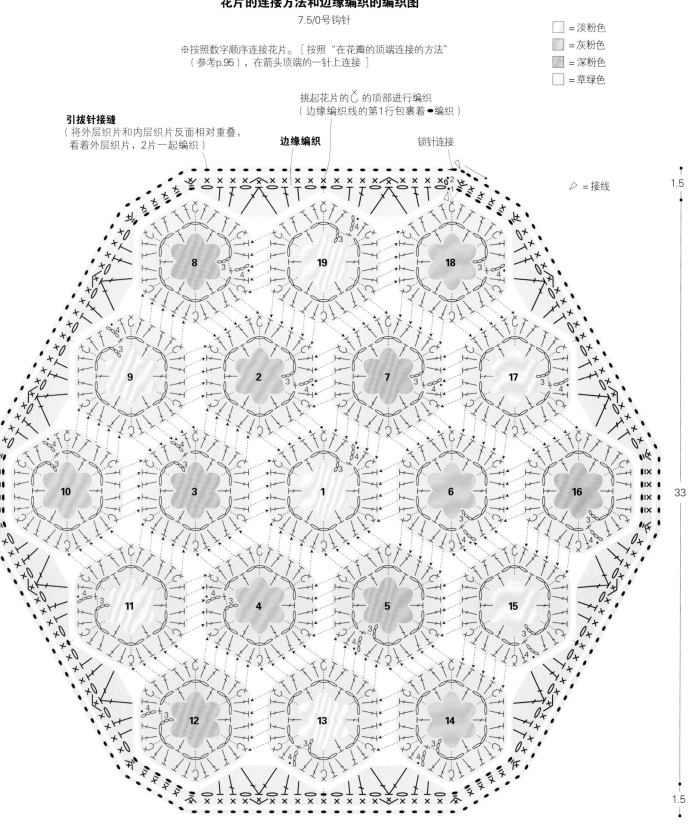

挑起花片的 C 的顶部进行编织
（边缘编织线的第1行包裹着●编织）

边缘编织

锁针连接

引拔针接缝
（将外层织片和内层织片反面相对重叠，
看着外层织片，2片一起编织）

▷ = 接线

= 淡粉色
= 灰粉色
= 深粉色
= 草绿色

1.5

33

1.5

.5 ← 36 → 1.5

材料

和麻纳卡 BONNY
焦褐色（419）65g
深红色（450）50g
淡褐色（480）50g
芥末黄色（491）50g
灰粉色（489）45g
抹茶色（493）30g

工具

和麻纳卡 双头钩针 7/0 号

完成尺寸

直径 42cm

编织方法

1. 环形起针，编织外层织片a。
2. 锁针起针，编织外层织片b、c。
3. 将外层织片a与外层织片b反面相对，做边缘编织。
4. 将外层织片b与外层织片c反面相对，做边缘编织。
5. 环形起针，编织内层织片。
6. 将外层织片与内层织片反面相对，做边缘编织。
7. 缝合固定外层织片与内层织片的中心。

内层织片的编织图
7/0号钩针

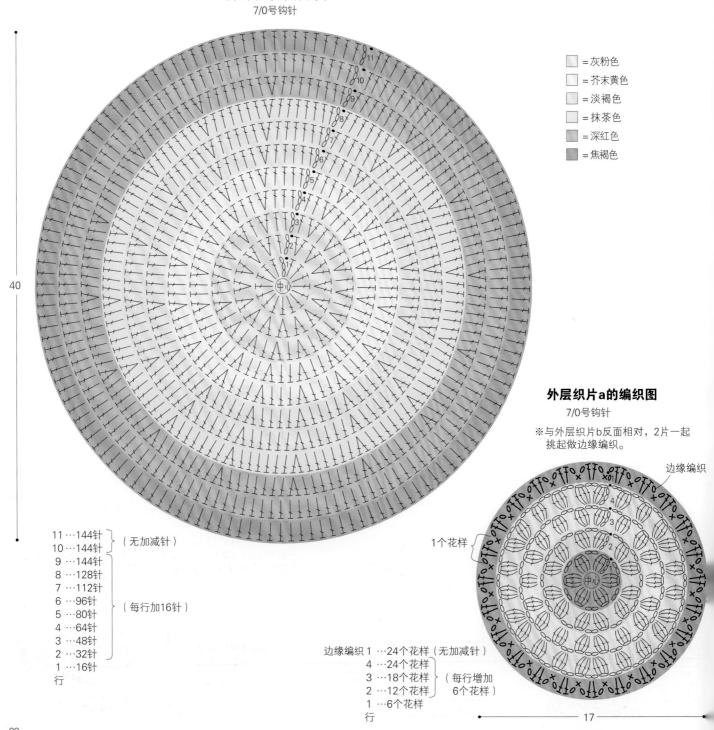

= 灰粉色
= 芥末黄色
= 淡褐色
= 抹茶色
= 深红色
= 焦褐色

40

11…144针 ｝（无加减针）
10…144针
9…144针
8…128针
7…112针
6…96针 ｝（每行加16针）
5…80针
4…64针
3…48针
2…32针
1…16针
行

外层织片a的编织图
7/0号钩针

※与外层织片b反面相对，2片一起
挑起做边缘编织。

边缘编织

1个花样

中心

边缘编织 1…24个花样（无加减针）
4…24个花样
3…18个花样 ｝（每行增加
2…12个花样 6个花样）
1…6个花样
行

17

组合方法

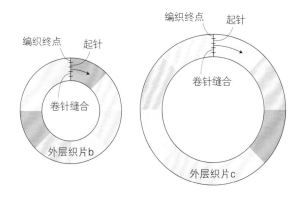

外层织片b的编织图

7/0号钩针

※与外层织片c反面相对，2片一起挑起做边缘编织。

边缘编织
挑32个花样

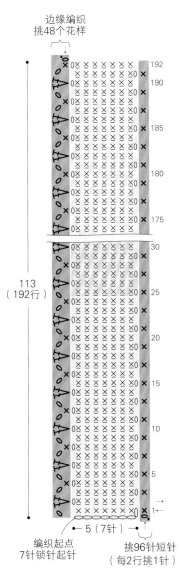

75
（128行）

编织起点
7针锁针起针

挑72针短针
（每16行挑9针）

外层织片c的编织图

7/0号钩针

※与内层织片反面相对，2片一起挑起做边缘编织。

边缘编织
挑48个花样

113
（192行）

编织起点
7针锁针起针

挑96针短针
（每2行挑1针）

① 将外层织片b、c的起针和编织终点做卷针缝合，做成圆环。

编织终点　起针
卷针缝合
外层织片b

编织终点　起针
卷针缝合
外层织片c

② 在外层织片b、c的内侧编织短针。

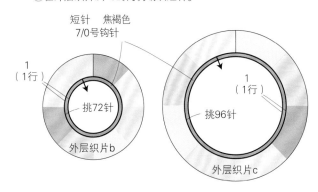

短针　焦褐色
7/0号钩针

1
（1行）
挑72针
外层织片b

1
（1行）
挑96针
外层织片c

③ 将外层织片a与外层织片b反面相对，2片一起做边缘编织。

④ 将外层织片b与外层织片c反面相对，2片一起做边缘编织。

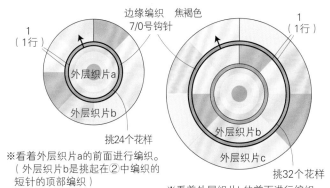

1
（1行）
外层织片a
外层织片b

边缘编织　焦褐色
7/0号钩针

1
（1行）
外层织片b
外层织片c

挑24个花样

挑32个花样

※看着外层织片a的前面进行编织。
（外层织片b是挑起在②中编织的短针的顶部编织）

※看着外层织片b的前面进行编织。
（外层织片c是挑起在②中编织的短针的顶部编织）

⑤ 将外层织片c与内层织片反面相对，2片一起做边缘编织。

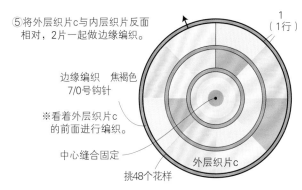

1
（1行）

边缘编织　焦褐色
7/0号钩针

※看着外层织片c的前面进行编织。

中心缝合固定

挑48个花样

外层织片c

外层织片b的配色

行	颜色
113~128	淡褐色
97~112	芥末黄色
81~96	深红色
65~80	灰粉色
49~64	抹茶色
33~48	淡褐色
17~32	芥末黄色
1~16	深红色

外层织片c的配色

行	颜色
169~192	芥末黄色
145~168	灰粉色
121~144	抹茶色
97~120	淡褐色
73~96	芥末黄色
49~72	深红色
25~48	灰粉色
1~24	抹茶色

89

材料

和麻纳卡 BONNY
红色（404）110g
白色（401）70g
浅绿色（427）45g

工具

和麻纳卡 双头钩针　7.5/0 号

完成尺寸

直径约 43cm

编织方法

1. 环形起针，编织 7 片花片 A。
2. 将 7 片花片 A 对折后，分别做边缘编织 A。
3. 环形起针，一边与花片 A 连接，一边编织花片 B。
4. 一边做边缘编织 B，一边连接 7 片花片 A。
5. 做边缘编织 C。

边缘编织A的编织图

（7片）
浅绿色
7.5/0号钩针

※将花片A在折线处反面相对对折，
2片一起挑针进行编织。

花片A的编织图

（7片）
7.5/0号钩针

□ =白色
▨ =浅绿色
▨ =红色

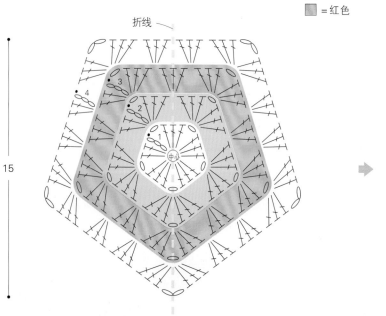

折线

15

挑43针

▷ =接线
◤ =断线

4 …70针（加20针）
3 …50针
2 …35针 ⎫（每行加15针）
1 …20针
行

※按照"在花瓣的顶端连接的方法"（参考p.95），花片B一边在箭头顶端的一针上连接
（边缘编织A的短针的顶部），一边进行编织。

※按照"在花瓣的顶端连接的方法"，边缘编织B一边分别在箭头顶端的一针上连接，
一边进行编织。①、②、④为分开箭头顶端的长针的根部入针。
（①、②为一起插入下方重叠的长针的根部中）
③为整束挑起箭头顶端的长针的根部入针。
⑤为分开箭头顶端的短针的根部入针。

花片B和边缘编织B、C的编织图

红色

7.5/0号钩针

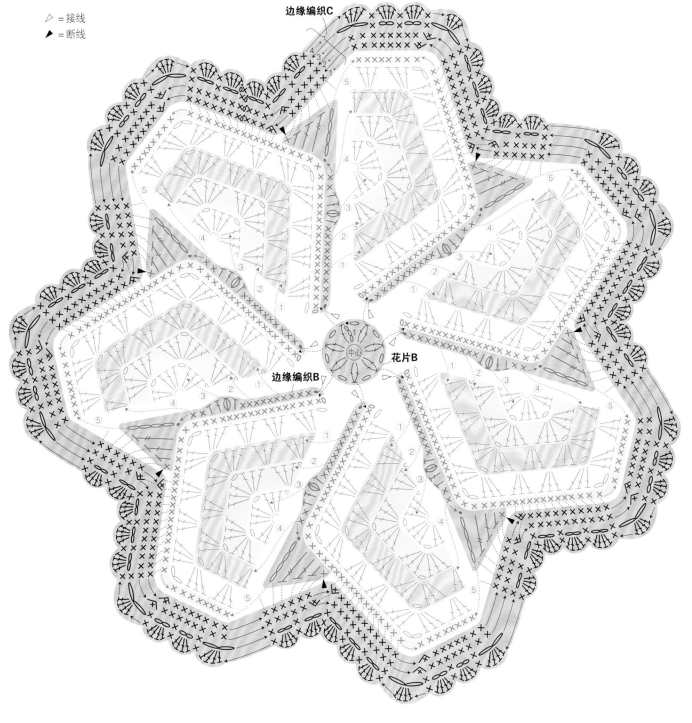

边缘编织C

花片B

边缘编织B

中心

△ = 接线
▲ = 断线

材料

和麻纳卡 JUMBONNY
浅绿色（36）150g
灰色（28）100g

工具

和麻纳卡 竹制钩针 7mm

完成尺寸

直径40cm

编织方法

1. 环形起针，编织主体。
2. 在主体上编织装饰线迹。

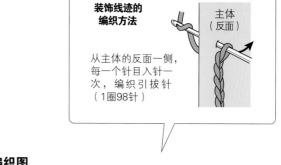

装饰线迹的编织方法

从主体的反面一侧，每一个针目入针一次，编织引拔针（1圈98针）

主体（反面）

□=浅绿色　　□=灰色

主体的编织图

7mm钩针

━━ =编入装饰线迹的位置（灰色）

※第4、6、8、10行的长针，一边将前一行的锁针包裹在里面，一边在再前一行上编织。

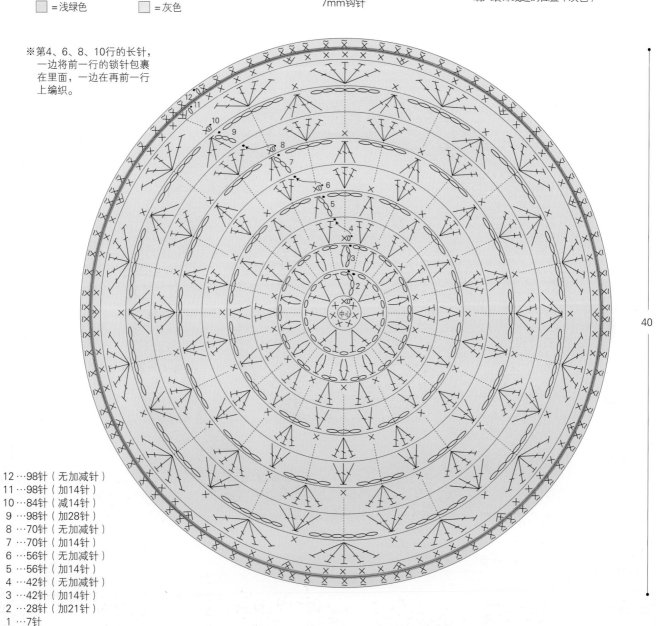

40

12…98针（无加减针）
11…98针（加14针）
10…84针（减14针）
9…98针（加28针）
8…70针（无加减针）
7…70针（加14针）
6…56针（无加减针）
5…56针（加14针）
4…42针（无加减针）
3…42针（加14针）
2…28针（加21针）
1…7针
行

钩针编织

＊ 起针

 锁针起针

① 将针放在线的外侧，按照箭头方向，转动1周。

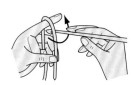

② 线绕在了针上。用左手压住绕线的根部，在针上挂线后拉出。

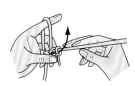

③ 在针上挂线，然后拉出。

④ 按照相同的方法重复编织。

环形起针

※以第1行编织短针为例进行说明。

① 将线在手上绕2圈。

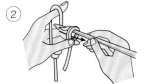

② 将钩针插入线圈中间，挂线后拉出。

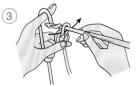

③ 在针上挂线，然后按照箭头方向拉出。

④ 编织第1行立织的锁针，在线圈中入针，挂线后按照箭头方向拉出，编织短针。

⑤ 在线圈上编织所需针数后，拉动线头，收紧。

⑥ 继续拉动线头，收紧另一个线圈。

⑦ 按照箭头方向，将钩针插入第1针的短针中，编织引拔针。

用锁针制作线圈的起针

※以第1行编织长针为例进行说明。

① 编织锁针，将针插入最初的1针中。

② 挂线后拉出。

③ 编织第1行的3针立织的锁针。

④ 在针上挂线，按照箭头方向入针。

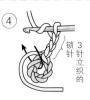

⑤ 编织长针。

⑥ 编织所需针数后，按照箭头方向，将钩针插入立织的第3针短针中，编织引拔针。

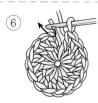

＊ 编织符号

 短针的反拉针 …p.58　　 **长针的正拉针** …p.74　　 **长针的反拉针** …p.74

 锁针

① 挂线后引拔出。

※挂在针上的线圈不计为1针。

② 用相同的方法重复编织。

③

引拔针

① 按照箭头方向入针。

② 在针上挂线，从所有线圈中一次性引拔出。

短针

① 1针立织的锁针

②

③

④

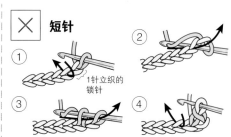

中长针

① 在针上挂线，按照箭头方向入针。

2针立织的锁针

基础针

②

③ 从所有线圈中一次性引拔出。

④

长针

① 在针上挂线，按照箭头方向入针。

3针立织的锁针

基础针

②

③ 每次从2个线圈中引拔出。

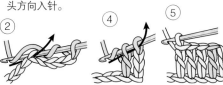

④

⑤

长长针

① 在针上挂2次线，按照箭头方向入针，挂线后拉出。

2次

锁针4针立织的

基础针

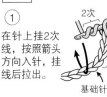

② 每次从2个线圈中引拔出。

③

④

⑤

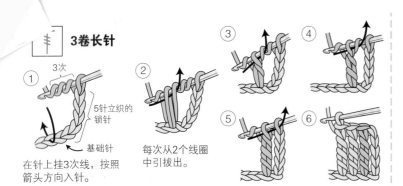

3卷长针

① 在针上挂3次线,按照箭头方向入针。

5针立织的锁针
基础针
3次

② 每次从2个线圈中引拔出。

③ ④ ⑤ ⑥

狗牙针

编织3针锁针,按照箭头方向入针。

① 3针锁针

② ③

在针上挂线,一次性引拔出。

反短针

①

②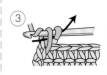

③

④

1针放2针短针

 ① 编织1针短针。

② 在同一个针目中,再编织1针短针。

③

※同理, 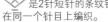 是3针短针, 是2针短针的条纹针,在同一个针目上编织。

2针短针并1针

① 编织2针未完成的短针。

② ③ 一次性引拔出。

"未完成",即只要再将线引拔出1次,针目(短针或长针等)就能完成的状态。

1针放2针长针

① 编织1针长针。

② 在同一针目中编织1针长针。

③

※ 、 是分别在同一针目中编织3针长针、2针中长针。

2针长针并1针

① 编织2针未完成的长针。

② ③ 一次性引拔出。

※  是将3针未完成的长针一次性引拔出。

条纹针(短针的情况)

① 在环形编织中,将钩针插入前一行锁针的后面1根线中。

② 编织短针。

菱形针(短针的情况)

① 在往返编织中,将钩针插入前一行锁针的后面1根线中。

② 编织短针。

※条纹针和菱形针使用相同的符号。虽然编织方法(挑起前一行顶部的外侧1根线进行编织)相同,但条纹针是环形编织时的名字,菱形针是往返编织时的名字,织片的外观是不同的。

※正常的短针是挑起前一行锁针的2根线编织。

2针长针的枣形针

① 在前一行的同一针目上,编织2针未完成的长针。

② ③ ④ 一次性引拔出。

3针中长针的枣形针

① 在前一行的同一针目上,编织3针未完成的中长针。

② ③ 第1针 第2针 第3针 一次性引拔出。

④

※同理, 是编织2针未完成的中长针,再一次性引拔出。

3针中长针的变化枣形针

在前一行的同一针目上,编织3针未完成的中长针。在针上挂线,按照箭头方向,只从中长针中一次性引拔出。

① 第1针 第2针 第3针

② ③

在针上挂线,从剩余的2个线圈中一次性引拔出。

※同理,  是编织2针未完成的中长针,  是编织4针未完成的中长针。

94

5针长针的爆米花针

 ※同理， 是编织3针长针， 是编织4针长针。

＊拉紧固定

① 编织5针长针，暂时将针抽出，再如图所示重新入针。

② 按照箭头方向，将线引拔出。

③ 在针上挂线，按照箭头方向引拔出。

④

① 将编织终点的线头穿入手缝针中，按照箭头方向，挑起最后一行顶部锁针的内侧1根线。

② 拉线收紧，将线穿入反面，藏在织片中后剪断。

锁链连接

将编织终点的线头保留约15cm长后剪断，并从针目中拉出。

① 编织终点的线头　一行最初的短针的顶部　直接将线头从针目中拉出

② 手缝针

③

④

将线头穿入手缝针中，按照箭头方向，穿入编织起点后，再穿回编织终点的针目中。

将线头穿至反面，处理线头。

＊一边编织一边连接的方法

用引拔针连接的方法

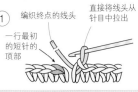 ①

从要连接的织片的正面一侧入针，编织引拔针。

  ②

在花瓣的顶端连接的方法

暂时将钩针从针目中抽出，从要连接的针目的正面入针，将线拉出，再编织下一针。

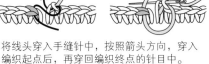 ① ② 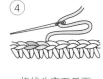 ③

＊整束挑针

从前一行的锁针上挑起针目时，按照箭头方向入针，并将锁针链一起挑起，称为"整束挑针"。

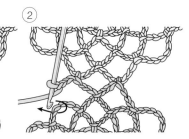

"分开针目挑针"和"整束挑针"的区别

在编入2针以上的编织符号中，有符号下端闭合的，也有符号下端分开的，分别表示在前一行入针编织时，将针目分开编入，或整束挑针。

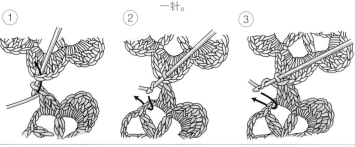

●分开针目挑针　　符号下端闭合　　●整束挑针　　符号下端分开

＊换色方法和线头的处理方法

在织片中途换线的方法

在完成了换线一针的前一针时，换成新线。

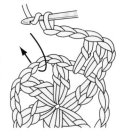

在织片的顶端换线的方法

在完成了换线前一行的最后一针时，换成新线。

线头不打结，分别保留8cm左右长后，在全部编织完成后处理线头。

条纹花样的换线方法

编织完的线不要剪断，暂时放置备用，下次配色时渡线编织。

 渡线编织

线头的处理方法

作品编织结束后，将线头穿入手缝针，隐藏在织片的反面。

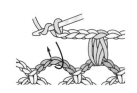

＊用钩针接合

锁针与引拔针接合

将织片正面相对，重复编织引拔针和锁针进行接合。

 ① 锁针

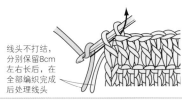 ② 引拔针 锁针

从正面一侧看的示意图。

引拔针接合

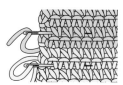 反面 正面

用钩针挑起紧邻顶部的位置，编织引拔针。

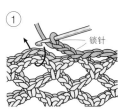 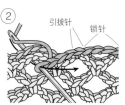 

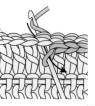

※用锁针和短针接合，即重复编织锁针和短针进行接合。

＊起针

正常起针

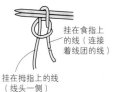

① 线头一侧留出三四倍于编织宽度的长度并制作线圈，将线从线圈中拉出，挂在2根棒针上。这就是第1针。

挂在食指上的线（连接着线团的线）
挂在拇指上的线（线头一侧）

② 在左手的食指和拇指上挂线，用剩余的手指将线压住。用右手的食指压住第1针。

③ 按照箭头方向，将棒针插入拇指外侧的线中，在棒针上挂线。

④ 按照箭头方向，将棒针插入挂在食指上的线中，在棒针上挂线。

⑤ 将挂在食指上的线拉向身前，从拇指的线圈中拉出。

⑥ 放开挂在拇指上的线。

⑦ 将拇指从内侧挂在刚刚放开的线上，并将线拉紧。重复③～⑦。

⑧ 完成所需针数时，抽出1根棒针。这个起针计为第1行。

之后能拆开的起针

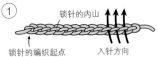

① 锁针的内山
锁针的编织起点
入针方向

用另线编织松散的锁针，需要比所需针目多5针左右。

② 将棒针插入锁针的内山，编织第1行。

③ 编织所需针目。这个起针计为第1行。

※之后能拆开的起针的挑针方法

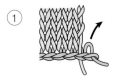

① 之后要挑起针目时，一边拆开另线的锁针，一边在棒针上取下针目。

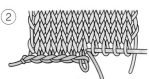

② 将棒针插入线圈中。

＊编织符号

| 下针 …p.44 | ― 上针 …p.44

⼈ 右上3针并1针

① 3 2 1
将右棒针按照箭头方向，插入针目1中，并将线圈移至右棒针。

② 3 2 1
将右棒针按照箭头方向，插入针2和3中，编织左上2针并1针。

③ 1
将左棒针按照箭头方向，插入移至右棒针的针目1中。

④ 覆盖
将针目1按照箭头方向，覆盖在编织好的左上2针并1针的针目上。

⑤ 右侧的针目重叠在最上方的右上3针并1针就编织好了。

∨ 滑针

※看着反面编织的一行，用相同的方法编织∨。

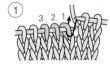

① ② 不编织针目，移至右棒针。在反面一侧渡线。

⊍ 卷针

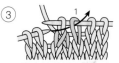

① ② 在左端，按照箭头方向挑起挂在左手手指上的线，将线从手指上取下并拉紧，然后绕在棒针上的针目靠近织片。

③ 下一行的第1针如图所示编织。

＊用手缝针接缝

针和行的接缝

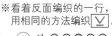

① ② ③

下针接缝

将线剪至接缝尺寸的3倍长，不要将线拉得过紧，使接缝针目形成类似下针的外观。

① ② ③

＊条纹花样的换线方法

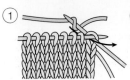

① ② ③
保留约8cm
处理线头在最后

手缝的技法

卷针缝

回针缝

截面图

以针目的2倍距离前进